Vier Hände in der Maus

Karin Kaufmann

VIER HÄNDE IN DER MAUS

Skurrile Geschichten aus der Tierarztpraxis rund um Hund, Katze & Co.

SCHWARZKOPF & SCHWARZKOPF

Inhalt

Für Papa
und Boomer

1

Boomer, der Grieche

oder: Wie alles begann

Es war einmal …« Das Märchen begann vor vielen Jahren. Ich war damals gerade zwölf, und mein Vater – mit seinen vierzig Lenzen nun endlich stolzer Führerscheinbesitzer – hatte soeben sein erstes Auto, einen orangefarbenen VW Käfer, erstanden. Dazu fasste er den Plan, sich so schnell wie möglich eine gute Fahrpraxis anzueignen, am besten auf Überlandstrecken, da ihn der Stadtverkehr noch verunsicherte. So wurde kurz darauf wegen eines Urlaubs in Griechenland Familienrat abgehalten, denn der Sommer stand unmittelbar bevor und die Strecke Wien–Athen – hin und retour immerhin dreieinhalbtausend Kilometer – erschien meinem Vater gerade mal ausreichend. Meine Mutter hatte das Thema gleich durch. Sie bezeichnete das Vorhaben als Irrsinn, wollte wenigstens die einzig Überlebende bleiben und hatte auch größere Lust, das Wohnzimmer zu renovieren.

Somit war der Familienrat also kurzerhand wieder beendet, und mein Papa und ich waren recht froh, dass wir einer der unendlich vielen Renovierungen entgingen. Dieser Tick meiner Mutter, in regelmäßigen Abständen den Räumen ein neues Outfit zu geben, diente zwar der optischen Schönheit, aber mein Papa und ich hassten Arbeiten dieser Art, und dem wochenlangen Baustellenflair des Hauses konnten wir auch nichts abgewinnen, schon gar nicht im Sommer.

Familienurlaub war bei uns immer etwas nervig. Papa und ich wollten immer viel sehen und unternehmen, das war für uns der Sinn der Sache, in ein anderes Land zu fahren. Mama hingegen wollte eigentlich nur von frühmorgens bis zum Einbruch der Dunkelheit am Strand liegen. Deshalb passte es echt gut, einmal mit meinem Papa alleine Urlaub zu machen.

Drei Wochen später – Mama maulte noch immer, diesmal allerdings nicht wegen des Risikos für Mann und Kind auf der langen Fahrt, sondern wegen des vielen Geldes für den Sprit – packten wir dann unsere Reisetaschen, unzählige Mineralwasserflaschen und nahrhafte Wegzehrungen aller Art auf den Rücksitz.

»Wir hätten für dich sowieso keinen Platz mehr gehabt«, konterte mein Vater noch die Aussage meiner Mutter, sie würde da nie einsteigen. Er deutete auf die Uhr: »Also, wir müssten dann mal …«

Es war sechs Uhr abends; er wollte um zehn an der Grenze sein und dann die ganze Nacht durchfahren. Guten Mutes schwangen wir uns in die orangen 34 PS und ratterten – nach einigen von harschen Getriebegeräuschen begleiteten Ausparkversuchen – Richtung Südautobahn. Ich lümmelte mich stolz in den Beifahrersitz – endlich hatte ich meinen Vater zwei Wochen für mich allein.

Wie gerädert stiegen wir nach über zwanzig Stunden aus dem Fahrzeug. Mit Mühe und Not hatten wir die Fähre in Athen noch erreicht und standen nun an die Reling gelehnt an Deck und zwinkerten in die Abendsonne. Mein Vater hatte sein total verschwitztes Hemd gewechselt und mampfte ein gekauftes Chief-of-the-Board-Sandwich, das war ein staubtrockenes Weißbrot mit zwei Scheiben Wurst und einer Gurkenscheibe. Er brauchte eine ganze Flasche Mineralwasser, um es hinunterzuwürgen, aber er beklagte sich nicht. Er war froh, die Fahrt geschafft und sogar überlebt zu haben.

Die letzten Stunden waren für ihn angefüllt gewesen mit wahnwitzigen Autofahrern, die ihn blendeten und von der Straße drängen wollten, mehreren Schrecksekunden, da mit 34 PS das Überholen meist länger dauerte als gedacht, und einem Regenguss, bei dem sich herausstellte, dass die Scheibenwischer des gebrauchten Käfers keine Gummis mehr hatten. Noch Jahre später würde mein Vater erzählen, dass wir auf der Fahrt nach Athen sieben Mal in akuter Lebensgefahr gewesen waren.

Die Überfahrt mit der Fähre nach Paros – das war das Reiseziel unserer Träume, vor allem das einzige, wo es Ende Mai noch Unterkünfte zu buchen gegeben hatte – verlief ohne größere Zwischenfälle. Auch die ersten Urlaubstage waren nicht sonderlich erwähnenswert.

Wir streunten herum, holten uns zu Mittag leckere Sachen vom örtlichen Markt und aßen am Abend immer in irgendeinem netten Lokal am Hafen – wir genossen unseren Urlaub. Dann jedoch – eines warmen Sommerabends – geschah das, was mein Leben von Grund auf verändern sollte.

Wir schlenderten durch eine schmale Gasse, in der auf einer Steinplatte neben einem Hauseingang ein Hund mit traurigen Augen lag. Als sich unsere Blicke kreuzten, blieb ich wie angewurzelt stehen und auch mein Vater murmelte etwas wie: »Der ist aber lieb.« Gut, die Insel war voll von Streunern, die oft auch recht lästig waren, weil sie ständig bettelten. Nur der hier war irgendwie anders – sehr lieb, sehr ruhig, sehr traurig …

Genau in diesem Augenblick, als wir uns näherten und ich in meiner Umhängetasche kramte, um irgendein Leckerli zu finden, kam ein dicklicher Mann in Hemdsärmeln aus dem Hausflur, rief laute, unfreundliche Worte in Richtung des Hundes und trat ihn mit der Schuhspitze von der noch sonnigen Steinplatte hinunter.

Die Bewegung war ansatzlos brutal gewesen und traf genau den Bauch des Hundes. Der jaulte schmerzhaft auf und verschwand mit eingezogenem Schwanz um die Hausecke.

»So eine Frechheit!«, brüllte ich laut und wollte zu dem Mann hinlaufen, um ihn zur Rede zu stellen.

Der aber verschwand mit einer abfälligen Geste in meine Richtung wieder im Haus. Mein Vater, der Schwierigkeiten gerne vermied, hielt mich am Ärmel zurück, doch ich riss mich los und ging zu der Ecke, hinter der der Hund verschwunden war. Er war weg, nicht mehr zu sehen. Mir rannen die Tränen über die Wangen, aus Zorn über diesen Mann und seinen Fußtritt, und auch weil ich den Hund so gerne noch gestreichelt hätte. Das arme Tier hätte jetzt liebevolle Zuwendung gut gebrauchen können.

Mein Vater nahm meine Hand und wir gingen weiter auf die Strandpromenade zu. Ich heulte immer noch und konnte mich gar nicht mehr fangen. Mit einem Mal kamen mir die Hausfassaden in der kleinen, dunklen Gasse wie hohe Mauern eines Verlieses vor, wie ein bedrohlicher Gang, durch den die herrenlosen Tiere ihren Leidensweg antreten mussten. Genau das gleiche Gefühl sollte mich zwei Jahrzehnte später nochmals einholen, in einer slowakischen Hundetötungsanstalt.

Nur ganz langsam beruhigte ich mich wieder und fasste den festen Entschluss, ab diesem Tag für Tiere zu sorgen und solchen Menschen das Handwerk zu legen. Noch in diesem Gedanken verfangen, tippte mich mein Vater an und deutete über meine Schulter nach hinten.

»Da, schau mal«, sagte er dabei leise.

Ich drehte mich um – einige Schritte hinter uns trottete der Hund daher. Als wir stehen blieben, kam er bis auf Armlänge heran und setzte sich mit erwartungsvollem Blick vor uns hin. Meinen Streichelversuchen wich er zwar noch aus, aber den Keks, den ich in der Tasche gefunden hatte, nahm er doch dankbar an. Und folgte uns dann den ganzen Abend. Mein Vater deutete zwar mehrmals von uns weg und sagte ihm, er solle nach Hause laufen. Aber natürlich war auch ihm klar, dass der Hund außer der Straße kein Zuhause hatte und außerdem sicher kein Deutsch verstand.

»Und, was machen wir jetzt?«, fragte ich beim Abendessen, das wir auf der Terrasse einer kleinen Taverne in Gesellschaft des Hundes einnahmen, der brav neben uns saß und den Löwenanteil meiner Mahlzeit bekam.

Ich hatte ein Flattern im Bauch, wie denn die Antwort wohl ausfallen würde. Aber mein Papa wäre eben nicht mein Papa, hätte er nicht in aller Ruhe sein Besteck zur Seite gelegt und den Hund angesehen.

»Wir müssen ihn halt schmuggeln«, meinte er, was eine sofortige Umarmung meinerseits zur Folge hatte. »Aber wenn die Mama fragt: Es war deine Idee.«

Kein Thema, ich hätte alles auf mich genommen. Ich beugte mich zu *meinem* Hund hinunter und diesmal ließ er sich auch streicheln.

Boomer, so tauften wir ihn, weil er ein Rüde war und es bei uns zu dieser Zeit eine Fernsehserie gab, die da hieß – *Boomer, der Streuner*. Passte perfekt, er war ein Streuner und hatte noch dazu große Ähnlichkeit mit dem Hauptdarsteller der Serie.

Meine größte Sorge der letzten Urlaubstage war, dass jemand auftauchen würde, der Boomer von uns zurückforderte. Es blieb jedoch bei der Befürchtung – niemand wollte ihn wiederhaben. Mittlerweile waren unsere Ferien zu Ende und wir auch bereits wieder zurück in Athen, um die Heimfahrt anzutreten.

Gleich nach dem Entschluss, Boomer mit nach Wien zu nehmen, hatte mein Vater einen Bekannten angerufen, der einen guten Draht zu Edith Klinger hatte, die damals eine beliebte Tiersendung im Fernsehen moderierte. Unter dem Titel *Wer will mich?* vermittelte sie Tiere, die in Not geraten waren, an Zuschauer und besaß die besten Verbindungen – zu unserer Freude sogar bis nach Griechenland. Frau Klinger sprach also mit einer Journalistin in Athen, die Journalistin wiederum mit einer befreundeten Tierärztin, und wir gingen auf der Rückfahrt in deren Praxis. Sie untersuchte Boomer kurz, meinte, er sähe gesund aus und wir sollten ihn in Wien gleich impfen und entwurmen lassen. Ich war stolz wie Oskar, dass mein Englisch so gut war und ich ein richtiges Gespräch führen konnte. Dann nahm sie zu unserem Erstaunen einen internationalen Impfpass, der bereits einen gültigen griechischen Einreisestempel trug, und füllte ihn mit allen Hundedaten aus. Boomer hieß nun auch ganz offiziell Boomer, und wie sie feststellte, war er ein etwa drei Jahre junger Dackelmix, so zumindest stand es im Impfpass. Papier ist geduldig, und bei Mischlingen kann man sowieso nicht immer eindeutig sagen, welche Rassen alle vertreten sind. Laut dem Dokument hatte er nun auch die für die Einreise erforderlichen Impfungen.

»Also, wenn man an der Grenze fragt: Sie haben Ihren Hund aus Österreich mitgebracht und jetzt fahren Sie mit ihm wieder nach Hause«, unterwies sie uns in englischer Sprache. Habe ich schon erwähnt, dass ich sehr gut Englisch … ach ja. Zwischendurch streichelte sie Boomer und gab ihm Leckerlis. »Du Glückspilz, jetzt hast du es gut, ein Heim, eine Familie und so ein nettes Frauchen wie Karin.«

Zu unserer großen Verwunderung schüttelte sie nur den Kopf, als mein Vater nach dem Honorar fragte.

»It's okay, we love dogs«, meinte sie dabei – Hundefreunde halten zusammen.

In so einer Praxis wollte ich auch einmal arbeiten, das wusste ich sofort – Tiere retten und mit falschen Impfpässen Menschen glücklich machen.

Nach dem Besuch bei der Tierärztin war uns bedeutend leichter. Wir kauften für Boomer noch ein schönes Halsband mit Leine und einen Vorrat an Hundefutter für die Fahrt. Erst jetzt fiel mir auf, dass Boomer die ganze Woche ohne Leine neben uns hergelaufen und sogar willig ins Auto gesprungen war, so als wäre das für ihn seit Langem eine Selbstverständlichkeit. Bei der Ausreise warf der Zöllner an der Grenze nur einen kurzen Blick auf unsere Pässe und die Papiere des Hundes, stempelte überall die Ausreise ein und winkte uns dann weiter.

»Der ist froh, dass wir mit *unserem* Hund das Land wieder verlassen«, lachte mein Vater, wurde aber gleich wieder nachdenklich. »Und selbst wenn die wüssten, dass wir einen von der Insel mitgenommen haben, wären sie froh – ein Streuner weniger. Aber die wirkliche Herausforderung steht uns erst an der österreichischen Grenze bevor.«

Ich wollte unbedingt noch mal mein Englisch strapazieren und sagte: »Wirst sehen, wird alles easy cheesy.«

Vorerst hatte er allerdings keine Zeit, sich darüber Gedanken zu machen. Denn für ihn galt es nun wieder, den Gefahren der langen Autofahrt quer durch Jugoslawien zu trotzen. Er war froh, die Strecke diesmal bei Tageslicht zu beginnen. Überraschenderweise ging es relativ entspannt dahin und Papa meckerte deutlich weniger als bei der Hinfahrt. Wir hatten das Gepäck teilweise auf den Vordersitz gepackt, damit ich mir mit Boomer die Rückbank teilen konnte. Dort saßen wir eng umschlungen, erschöpft von den Aufregungen und glücklich, uns zu haben. Wir schauten zum Fenster hinaus, alberten herum, und als es nach leckeren Cevapcici mit Pommes und Cola langsam dunkel wurde, schliefen wir aneinandergekuschelt ein.

»Hallo, aufwachen!« Mein Vater zupfte mich und Boomer leckte meine Ohren ab. Draußen begann es schon wieder hell zu werden.

Die Grenze, zuckte es durch meinen Kopf. Die Österreicher lassen uns nicht rein. Instinktiv fasste ich Boomer und zog ihn an mich.

»Keine Aufregung, mein Spatz«, sagte mein Vater beruhigend, »wir sind schon in Österreich. Ihr habt die Grenze verschlafen.«

»Und?«, wollte ich wissen.

»Gar nichts, sie haben einfach weitergewunken und überhaupt nicht geschaut. Aber ich möchte hier in der Raststation einen Kaffee trinken und Boomer muss sicher auch raus.«

Mir fiel ein Stein vom Herzen, denn wir waren zu Hause und Boomer war bei mir.

Die letzte Hürde nahmen wir dann mit Bravour einige Stunden später. Mein Vater hatte von unterwegs angerufen und Mutter erwartete uns bereits. Das mit dem Hund wusste sie noch nicht. Ich dachte so bei mir, das wird schwieriger als jeder Grenzübergang. Na, die machte Augen, als ich mit Boomer ins Haus kam!

»Was ist denn das?«, fragte sie forsch.

»Das ist Boomer, unser Hund, über den wir jetzt nicht diskutieren!« Mein Vater hatte seine ernste Stimme eingeschaltet und sich anscheinend zu einem Frontalangriff entschlossen. »Außerdem sind wir müde und möchten gerne ein gutes Frühstück, bevor wir uns niederlegen. Immerhin waren wir die ganze Nacht unterwegs.«

So forsch hatte ich ihn noch nie gehört. Meine Mutter offenbar auch nicht, denn ganz gegen ihre Gewohnheit ging sie, ohne ein Wort zu sagen, in die Küche und schlug einige Eier in die Pfanne, um uns »Ham and Eggs« zu machen. Später erzählte mir mein Vater einmal, er hätte diesen Satz von Graz bis Wien eingeübt und gehofft, ihn widerspruchslos durchzubringen. Was dann ja glücklicherweise auch gelang.

Für mich war in diesen beiden Urlaubswochen eine Lebensentscheidung gefallen. Ich kaufte mir Bücher über Hundepflege, fragte bei Dr. Stober, einer Tierärztin, die ihre Praxis nur einige Straßen von uns entfernt hatte, ob ich ihr gelegentlich helfen könne, und begann, mich für den Tierschutz zu engagieren. Nach und nach wuchs ich in die Sache hinein. Zum Leidwesen meiner Mutter, denn ich schleppte ungewollte Meerschweinchen und in Mülltonnen ausgesetzte Katzenbabys an.

Einige Jahre, ein Studium und verschiedene Berufsversuche später arbeitete ich zunächst nebenbei und ehrenamtlich in einem Tierschutzverein. Als wir jedoch eine Anfrage von einer Tierärztin erhielten, ob wir eventuell eine Ersatzkraft wüssten, da ihre Assistentin in Elternzeit ging, packte ich die Gelegenheit beim Schopf und fing dort als OP-Assistentin an.

Ein Jahr später – die angestammte Mitarbeiterin war gerade aus der Elternzeit zurückgekehrt – war für mich klar, dass ich bei dem Beruf bleiben wollte. Ich suchte also gezielt eine neue Stelle und landete schließlich bei einer Bekannten von Dr. Stober, die bei mir um die Ecke eben eine neue Praxis eröffnet hatte – Frau Mag. vet. med. Barbara.

Ja, und Boomer, der belohnte mich für seine Rettung, indem er noch vierzehn Jahre an meiner Seite blieb. Als ich erwachsen wurde und heiratete, durchlitt er gemeinsam mit mir meine erste kurze Ehe, lernte noch meine Tochter kennen, übersiedelte mehrmals ohne Murren und verließ mich still und ohne Vorwarnung eines Morgens, als er nicht mehr aufwachte.

Er hat mir gezeigt, was Hingebung, Dankbarkeit und Hundetreue bedeuten. Deshalb ist ihm und meinem viel zu früh verstorbenen Papa, der es möglich machte, ihn zu behalten, dieses Buch gewidmet. Ein Dank an euch beide, dass ihr Teil meines Lebens wart – ich trage euch immer im Herzen.

2

Ein Sommer der großen Veränderungen

Manchmal plätschert das Leben jahrelang dahin und manchmal verändert sich alles binnen eines Monats. Meine Tochter Saskia war mittlerweile acht Jahre alt und ich hatte mein Leben eigentlich gut im Griff. Ich war glückliche Alleinerzieherin, entschied Dinge, wie ich sie für richtig hielt, und war damit nicht unzufrieden.

Meine Tochter bewohnte die Hälfte des ersten Geschosses in unserem Haus. Ich nannte es »Ronjas Höhle«, das erschien mir passend. In ihrem Zimmer tummelten sich nachtaktive Mitbewohner wie Hamster, Wüstenrennmäuse und ein Gecko, aber auch Tagaktives der Gattungen Meerschweinchen und Widderkaninchen sowie eine Huskyratte namens Stitch. Irgendwie konnte man schon damals ahnen, dass das Kind einmal den Beruf des Tierpflegers ergreifen wird. Stitchie war mehr als zahm, denn Saskia schleppte ihn immer und überallhin mit, was zuweilen auch für echte Schwierigkeiten in der katholischen Klosterschule führte, in die sie ging. Der Rattenjunge frühstückte auch immer mit uns und verbreitete dabei einen feinen Geruch nach Lavendel. Er war süchtig nach dieser aromatischen Pflanze, fraß sie und schlief auch darin. Stitchie war auch so ein Mitbewohner, den wir wohl nie vergessen werden.

Es war seit Wochen schon so richtig Sommer, sehr warm und trocken und die großen Ferien standen vor der Türe. Saskia jubelte bereits in aller Herrgottsfrüh hörbar: »Nächste Woche sind Ferien, juchuuuu, jippitippi …«

Ich verfrachtete das jubelnde Kind ins Badezimmer und ging in die Küche, um Frühstück zu machen. Weil es schon so lange trocken und warm war, residierten Meerschwein Fidelio und Kaninchen Mozart in ihrem Sommerquartier im hinteren, schattigen Teil des Gartens. Saskias Klassenlehrerin hatte die letzten zwei Jahre den Schwerpunkt auf Kunst gelegt, deshalb hatten nun fast alle Tiere klingende Namen – die Hamster hießen sogar Tizian und Vivaldi. Normalerweise übernahm Saskia die morgendliche Fütterung, aber da mein jubelndes Kind heute etwas länger brauchte, erledigte ich das. So schnappte ich mir Karotten, Fenchel und Co. und wanderte nach hinten in den Garten. Für gewöhnlich wurde man bereits freudig quietschend erwartet. Komisch, dachte ich und begann, die beiden bei ihren Namen zu rufen. Nichts!

Als ich nahe genug war, bot sich mir ein Bild des Entsetzens, hier hatte sich in der Nacht ein fürchterliches Massaker abgespielt. Ein Marder war anscheinend in das gut geschützte Gehege eingebrochen, obwohl mein Vater den Zaun extra tief eingegraben hatte. Fidelio lag mit abgetrenntem Kopf und vielen anderen Wunden da, und Mozart, das Kaninchen, hatte offensichtlich versucht, seinen besten Freund zu verteidigen. Er hatte furchtbare Bisswunden am Kopf und ein Auge fehlte ihm auch. Mir fiel das mitgebrachte Futter aus der Hand, ich war schockiert und geriet auch in Panik, denn erstens musste ich mich beruhigen und durfte mir nichts anmerken lassen, und zweitens musste ich Saskia so schnell wie möglich außer Haus bekommen, damit sie erst gar nicht auf die Idee kam, ihren geliebten Tieren noch einen guten Morgen zu wünschen. Denn dieser Anblick war nichts für Kinderaugen.

»Ich füttere noch schnell Fidelio und Mozart, Mama«, tönte es auf der Treppe.

»Hab ich schon, Spatz, du musst dich beeilen, durch dein Gesinge bist du heute schon spät dran und versäumst sonst noch den Bus.« Etwas Besseres fiel mir auf die Schnelle nicht ein. Alles, was ich wollte, war, Saskia aus dem Haus zu haben. Sie trank ihren Kakao, denn essen wollte sie in der Früh nie etwas, drückte mir einen Kuss auf die Wange und ging zum Bus.

Endlich konnte ich meinen Gefühlen freien Lauf lassen. Was hatten unsere beiden Furchtbares erleiden müssen. Ich bestattete Fidelio schnell im Garten, denn Saskia hätte es mir nie verziehen, wenn ich ihn beim Tierarzt quasi entsorgt hätte, und schnappte mir Mozart. Eilig lief ich die Straße hinunter, denn nur knapp dreihundert Meter entfernt war eine Tierarztpraxis. Dort angekommen, wurde ich auch sofort hineingebeten, obwohl eigentlich noch gar nicht geöffnet war. Ich nehme an, ich bot ein Bild der Verzweiflung. Ich erzählte kurz, was vorgefallen war, und Mozart wurde auch gleich geröntgt und untersucht. Die Wunden waren zu schwer, er musste eingeschläfert werden. Die Tierärztin meinte nur aufgrund der Verletzungen, die er hatte, dass er mit allen Mitteln gekämpft haben musste, der arme tapfere Kerl. Heulend, mit dem toten Kaninchen im Arm, ging ich wieder heim. Ich bettete ihn neben seinem besten Freund zur Ruhe und entsorgte das Gehege, denn auf dem klebten auch noch Fellreste und Blut. Den restlichen Tag konnte ich gar nichts mehr machen, ich saß nur da – tief emotionalisiert von den Geschehnissen – und überlegte, wie ich das meinem Kind beibringen sollte.

Am Nachmittag läutete das Telefon. Nina, die Tierärztin, war dran und wollte Saskia sprechen. Mit verquollenen Augen und laufender Nase – ich hatte ihr gerade das Unvermeidliche erzählt – nahm Saskia das Gespräch an.

»Wir müssen ganz schnell zum Tierarzt«, rief sie gleich darauf, während sie sich bereits die Schuhe anzog. »Nina hat jemandem ein noch sehr junges Meerschweinchenbaby abgenommen, es ist verwahrlost und unterernährt, das kleine, arme Ding.«

»Bei dir ist es sicher am besten aufgehoben, du musst es pflegen und aufpäppeln. Es muss alle zwei Stunden mit einer Pipette gefüttert werden und du musst es warm halten«, meinte Nina, als wir bei ihr waren.

Saskias Augen klärten sich und die große Aufgabe, dieses Leben zu retten, ließ den Schmerz etwas weichen. Ich kann gar nicht sagen, wie dankbar ich Nina war. Nina wurde eine gute Freundin und blieb noch lange unsere Tierärztin, bis sie sich in einen Franzosen verliebte und mit ihm nach Bremen zog. Klingt jetzt nicht so wahnsinnig logisch, ist aber so.

Gott sei Dank waren die Ferien endlich da, Saskia ging in ihrer Rolle als Pflegemutter auf und bekam dadurch nicht allzu viel Schlaf.

Früh am Morgen des ersten Ferientags hämmerte es wie wild an der Türe.

»Karin, Karin, komm schnell«, hörte ich Claudia, die Nachbarin meiner Eltern, brüllen und vernahm auch ein laufendes Auto vor der Türe.

Noch schlaftrunken, öffnete ich und fragte: »Was zur Hölle ist denn los?«

»Komm mit, sofort, dein Vater stirbt«, stotterte sie.

»Was redest du? Der war am Abend doch noch hier.« Ich glaubte ihr kein Wort.

»Bitte komm jetzt«, flehte sie mich an und zog mich barfuß und nur mit meinem Schlafshirt bekleidet auf die Gasse hinaus.

Der Tumult um die Uhrzeit hatte auch meine Nachbarn hinausgetrieben – ein sehr nettes älteres Ehepaar. Nachdem meine Türe offen stand und Saskia noch schlief, rief ich Nachbarin Traude nur zu: »Bitte pass auf die Saskia auf, ich muss rauf zu meinen Eltern, irgendetwas ist mit meinem Vater!« Traude nickte nur mit dem Kopf und verschwand in mein Haus.

Meine Eltern wohnten auch in der Siedlung. Als wir zwei Minuten später an ihrem Haus ankamen, konnte ich schon von der Straße aus meine völlig hysterische Mutter hören. Auf der Straße standen das Auto des Notarztes und ein Rettungswagen.

»Wir versuchen ihn bereits seit zwanzig Minuten zu reanimieren«, sagte der Notarzt zu mir, als ich das Haus betrat.

Claudia hatte also recht, mein Vater starb.

Als alles vorbei war – mein Papa war vom Bestatter abgeholt, meine Mutter lag vollgepumpt mit Beruhigungsmittel im Bett, ich hatte Papas Eltern angerufen und meine andere Oma war eingetroffen, um sich um meine Mutter zu kümmern –, ging ich barfuß und in meinem Schlafshirt durch die Siedlung heim. Selbst total aufgewühlt vom Tod meines Vaters und nicht wissend, wie ich Saskia beibringen sollte, dass ihr über alles geliebter Opa gestorben war.

Im Nachhinein betrachtet war es ein Segen, dass ich danach nicht mehr wusste, wo mir der Kopf stand vor lauter organisatorischen Erfordernissen – ich musste meine Tochter irgendwie durch diese Zeit bringen, mich um die Bestattung kümmern, die Grabrede schreiben und halten, und, und, und. Erwähnt sei an dieser Stelle noch: Am Tag des Begräbnisses meines Vaters starb mein Großvater. Innerhalb von drei Wochen blieb in meinem Leben also kein Stein auf dem anderen.

Wieder läutete das Telefon, mittlerweile hatte ich jedes Mal Herzklopfen, wenn ich abhob, bangend, welche Botschaft mich diesmal ereilen würde. Es war Renate, eine Bekannte, die einen privaten Tierschutzverein hatte und unermüdlich Hunde aus einer wirklich grausamen slowakischen Tiertötungsfabrik freikaufte.

»Ich weiß, dass es im Moment nicht der tollste Zeitpunkt ist, aber könntest du mir bitte morgen helfen?« Ihre Stimme klang fast schüchtern. »Morgen kommt ein ganzer Haufen Hunde aus der

Slowakei und ein Filmemacher, der gerne etwas darüber machen würde, und ich weiß nicht, wo mir der Kopf steht, da ich noch nicht einmal genug Pflegestellen für die Neuankömmlinge habe. Du weißt ja, wie es bei mir zugeht.«

»Ja, mach ich, wann soll ich bei dir sein?«, war meine recht emotionslose Frage.

Dazu muss man wissen: Renate nennt mittlerweile zwanzig Hunde ihr Eigen. Deshalb war es kein Thema, dass ich sie bei dem morgigen Chaos unterstützen würde.

Am folgenden Tag fand ich mich um elf Uhr vormittags bei Renate ein. Besagter Filmemacher kam nur wenige Augenblicke nach mir. Renate kochte Kaffee, servierte Kuchen und teilte uns mit, dass wir jetzt noch Zeit hätten zu plaudern, denn die Hunde würden wohl erst in eineinhalb Stunden eintreffen.

»Würdest du bitte dem Herrn alle Fragen beantworten, dann könnte ich wegen der Pflegeplätze herumtelefonieren, denn mehr als einen oder zwei bringe ich bei mir nicht mehr unter«, ersuchte mich Renate.

»Mach du nur, ich übernehme das«, erwiderte ich.

Mein Visavis war groß, blond und hatte freche blaue Augen, mit einem Wort ein attraktiver Mann so Mitte der vierzig. Wir unterhielten uns gut und ich erzählte ihm alles, was er wissen wollte.

Es war zu hören, dass sich drei Autos näherten.

»Jetzt geht's los«, sagte ich zu ihm und wir machten uns auf den Weg nach draußen. Wir nahmen eine gemischte Meute von Hunden in Empfang. Größere und kleinere in verschiedenen Altersgruppen und auch Welpen.

Einer dieser Welpen rannte auf mich zu und sprang an mir hoch, ich konnte ihn gerade noch rechtzeitig fangen, so spontan war die Aktion. Ich wollte ihn wieder absetzen, aber er krallte sich förmlich an mich.

»Lass dich mal ansehen, wer bist denn du?«

»So wie es aussieht, dein Hund«, antwortete Renate mit verstellter Stimme und einem breiten Lächeln auf dem Mund.

Es war ein kleines Hundemädchen, circa acht Wochen alt, schwarz-weiß gefleckt. Sie hatte vorne an ihrer schwarzen Schnauze einen weißen Fellring, schwarze Schlappohren und schlabberte mich ohne Unterbrechung ab.

»Ich sag's ja immer, Hunde suchen sich ihre Besitzer aus«, fuhr Renate in ihrer gewohnten Stimme fort.

»Wer könnte dir schon widerstehen? Und für meine Saskia wärst du auch ein willkommener Trost«, flüsterte ich der kleinen Dame zu.

Nachdem alle Hunde untergebracht und die Papiere geordnet waren, wollte ich mir ein Taxi rufen, denn mein Heimweg war lang und mit dem Welpen ohne Geschirr sah ich keine andere Lösung. Außerdem musste ich auch noch in ein Zoofachgeschäft, der kleine Wurm brauchte schließlich Ausstattung und Fressen.

»Geh bitte, du wirst doch nicht mit dem Taxi fahren, ich bring dich und unterwegs besorgen wir noch alles für deinen Hund«, hörte ich die männliche Stimme des attraktiven Filmemachers sagen.

Das Angebot nahm ich gerne und dankend an. Während der Fahrt war auch schon ein Name für den Neuzuwachs gefunden. Lieserl hieß sie ab nun. Da ihr Fell an Kuhflecken erinnerte und sie unbedingt einen österreichischen Namen tragen sollte, war »Lieserl« sehr passend, denn auch viele Kühe heißen in unserem Land Liesi.

Zu Hause angekommen, sprach ich dem Filmemacher, der mich freundlich und mit Geduld chauffiert hatte, spontan eine Einladung zum Abendessen aus. Erstens wollte ich mich revanchieren und zweitens war mir nach Gesellschaft – nach seiner Gesellschaft. Ernst, so hieß er, nahm dankend an. Dass Saskia komplett aus dem Häuschen war, brauche ich wohl nicht extra zu erwähnen, denn einen Hund hatte sie sich schon lange gewünscht. Der Abend dauerte noch lange, ich konnte endlich auch wieder einmal lachen.

Der Rest ist Geschichte – drei Wochen später zog Ernst bei mir ein. Dieser Sommer brachte die größten Veränderungen in meinem Leben – das Mardermassaker, den Verlust meines Vaters, den Tod meines Großvaters, einen Hund, die Liebe meines Lebens. Und die Anzahl an Kindern im Haus stieg sprunghaft von eins auf fünf an. Denn Ernst hatte auch bereits vier.

Ein halbes Jahr später rief mich Renate wieder an.

»Er treibt mich und meine Hunde in den Wahnsinn«, tönte es sehr aufgeregt aus dem Telefon.

»Wer denn?«, wollte ich wissen.

»Dieser Hund, nicht älter als fünf Monate. Ich hab noch keine Pflegestelle für ihn gefunden. Der mischt sie alle auf. Wir werden irre mit ihm. Wenn du vielleicht was hörst, wo er unterkommen könnte, dann sag Bescheid. Bitte.« Renate klang wirklich, als wäre sie mit den Nerven am Ende.

»Wer war's?«, fragte Ernst. Ich erzählte ihm ziemlich amüsiert von dem kurzen Gespräch mit Renate.

»Das klingt, als könnte der zu uns passen. Das Lieserl ist ja eh nicht zu bändigen, so viel Energie, wie die hat«, meinte Ernst. »Lass uns doch hinfahren und den Unruhestifter einmal anschauen!«

Da alle Kinder bis zum Abend ausgeflogen waren, packten wir kurzerhand unser Lieserl ins Auto, denn immerhin hatte sie das letzte Wort, es wäre ja quasi ihr Lebensgefährte.

Das Chaos bei Renate war bereits zu hören, als wir aus dem Auto stiegen.

»Grüß euch, sagt's bloß, ihr habt's schon wen g'funden?« Renate klang wie eine Mischung aus hoffnungsvoll freudig und kurz vorm Durchdrehen.

»Schau ma mal«, meinte Ernst nur knapp.

Der Verursacher von Renates Zustand war auch schon an der Gartentüre. Von der Fellzeichnung her sah er aus wie ein Berner Sennenhund, hatte auch etwas längeres Haar und bellte wie verrückt. Am Gesicht konnte man erkennen, dass ein Hovawart in dem Gemisch drinnen war, das passte auch zu seinem Gebell und seiner Energie. Lieserl sprang aus dem Auto, die beiden tollten einige Minuten im Garten herum und dann saßen beide in Eintracht und Harmonie auf der Rückbank unseres Autos.

»Wo die Liebe hinfällt.« Ernst lächelte mich dabei spitzbübisch an. »Renate, du siehst, es hat sich geklärt, der gehört jetzt zu uns.«

»Ich dank euch, ich schick dir seine Papiere, denn ich müsste sie jetzt erst suchen. Ich bin so froh, dass hier mal wieder Ruhe einkehrt.« Kaum den Satz beendet, verschwand Renate sichtlich erleichtert im Haus.

Unsere beide Racker hechelten uns an, als wollten sie sagen: »Los, kommts, lasst uns endlich heimfahren.« Was wir auch taten. Auch der junge Mann hatte schnell einen Namen: Xaverl.

So hatte sich die Zahl der Hunde verdoppelt. Und Ernst hatte recht, Xaverl passte perfekt zu uns und zu Lieserl.

3

Frau Mag. vet. med. Barbara

oder »Sag einfach Babs zu mir!«

Wann könntest du denn probearbeiten?«, fragte Babs, die Tierärztin, beim Vorstellungsgespräch. Wir kannten uns schon vom Tierschutzverein und verstanden uns auf Anhieb prächtig. Babs half uns dort beim Kastrieren von Hunden, für die wir über unsere Website versuchten, ein neues Zuhause zu finden.

»Ja, wie du willst, von mir aus jederzeit«, sagte ich, froh, dass es mit der Anstellung zu klappen schien.

»Na, ich hätte heute Abend einen Hausbesuch zum Einschläfern einer alten Katze vor mir. Wenn du möchtest, dann komm doch am Ende der Sprechstunde zu mir und begleite mich«, sagte sie. »Da bin ich immer froh, etwas Beistand zu haben.«

Tiere einschläfern mochte ich zwar gar nicht, aber das gehörte nun einmal auch dazu und war eine gute Gelegenheit, Babs näher kennenzulernen. Außerdem wollte ich den Job.

»Ja gut, also bis um sieben«, antwortete ich deshalb und ahnte nicht, was für ein turbulenter Abend es werden sollte.

Es war Dienstag, meine Tochter hatte nachmittags keine Schule und war daheim bei unseren Hunden, ich konnte also ungehindert weg.

So war ich bereits um halb sieben in der Praxis bei Babs. Sie war noch mitten im Stress, was mir die Gelegenheit gab, gleich ein wenig mitzuhelfen.

Ich verband einem kleinen weißen Terrier, der im Garten an einer Wurzel hängen geblieben war, den Ballen der linken Vorderpfote, stopfte Tabletten gegen Durchfall in eine Katze hinein und hielt die zwei noch wartenden Patienten mit Bällen und deren Besitzer mit Plaudern bei Laune.

Als sich die Tür hinter dem letzten Besucher schloss, war es beinahe acht geworden. Babs verständigte die Familie, die auf unseren Hausbesuch wartete, über die Verspätung, dann nahmen wir die Hintertüre und spazierten durch die Siedlung zu der Adresse. Es war ein angenehmer Apriltag gewesen, inzwischen begann es aber dunkel und empfindlich kühl zu werden.

Die Familie Jenosic erwartete uns vollzählig. Herr und Frau Jenosic empfingen uns verständlicherweise mit einer Trauermiene. Er deutete, ohne ein Wort zu sagen, ins Wohnzimmer und sie umarmte mich ebenfalls schweigend und mit Tränen in den Augen. Frau Jenosic kannte ich bereits, sie hatte mir gelegentlich am Telefon ausgeholfen, wenn ich mit dem Deutsch der kroatischen Besucher im Tierschutzverein nicht klargekommen war. Außerdem ist unsere Siedlung wie ein kleines Dorf, man kennt sich eben.

Im Wohnzimmer saßen Marko und Katarina, die beiden etwa zehnjährigen Zwillinge des Paares, gegenüber der Türe auf der Kante einer Bettbank. Auch sie waren sehr festlich angezogen, das Mädchen weinte und wischte sich die roten Augen. Überall im Zimmer brannten Teelichter und verbreiteten die Stimmung einer Aufbahrungshalle. Die normale Beleuchtung war auf ein Minimum heruntergedreht, die Vorhänge waren fast zugezogen. Nur aus dem Nebenzimmer drang plärrend ein Fernseher.

»Ist Großmutter, schlecht hört«, sagte Herr Jenosic und zuckte entschuldigend die Achseln.

»Macht ja nichts«, sagte ich leise.

»Aber bitte, nix aufhalten, warten schon lange«, meinte Herr Jenosic und deutete auf die Katze.

Die weiße Perserkatze lag – nein, sie thronte – auf einem großen Kelim-Polster in der Mitte des Sofatisches und leckte sich gemütlich eine ihrer Pfoten.

»Na, so schlecht schaut sie aber gar nicht aus«, raunte ich Babs ins Ohr. Sie nickte. Auch sie hielt die Katze auf den ersten Blick scheinbar nicht für altersschwach.

»Kinder, kommt her, jetzt Katze müssen gehen«, sagte Herr Jenosic zu Marko und Katarina.

»Ich möchte sie zuerst einmal anschauen«, meinte Babs jetzt mit pragmatischer Stimme und deutete den Kindern, noch sitzen zu bleiben. Herr Jenosic legte ihr die Hand auf den Arm und sah sie von der Seite an.

»Bitte nix langziehen, Kinder traurig, drum schnell machen«, sagte er dabei eindringlich.

»Aber ich muss doch …«, protestierte Babs.

»Wir wissen, dass nur Spritze braucht.«

»So, jetzt lass die Frau Doktor«, mischte sich nun Frau Jenosic in das Gespräch und schob ihren Mann zur Seite. »Frau Doktor will anschauen, bevor tot spritzen. Arzt muss das so machen.«

»Vielleicht müssen wir sie ja gar nicht einschläfern«, musste ich jetzt einfach sagen.

»Oh ja, muss, leider.« Nun klang auch Frau Jenosic sehr bestimmt.

»Und wieso muss?«, fragte Babs.

»Nix mehr fressen, alt, schwach …«

»Is wegen Geld? Zahlen mehr, wenn wollen«, fiel Herr Jenosic ihr nun ins Wort. »Ich wollen Kinder nicht mehr quälen mit noch mal warten, Katze wieder nix fressen, nur leiden …«

Babs schob die beiden wortlos beiseite, stellte ihre Tasche ab und begann, die Katze zu untersuchen. »Die ist aber dünn«, meinte sie dabei. »Wie oft bekommt sie denn zu essen?«

»Was wie oft?« Frau Jenosic verstand die Frage offensichtlich nicht.

»Füttern Sie die Katze täglich?«

»Wieso füttern? Haben draußen alles!«

»Was hat sie draußen?« Das verstand nun Babs nicht.

»Na, draußen fangen Mäuse, dafür ist Katze da.«

Babs schüttelte den Kopf und nahm ein Schälchen mit Katzenfutter aus ihrer Tasche. Sie hatte immer einige Muster von den Firmen mit, deren Futter sie in der Praxis verkaufte. Gierig stürzte sich die Katze auf das Schälchen und verschlang die Truthahnpastete mit Gemüse, ohne einmal abzusetzen.

»So«, sagte Babs jetzt etwas aufgebracht. »Ich gebe Ihrer Katze jetzt noch eine Spritze mit Vitaminen und Glucose, und Sie füttern sie ab nun jeden Tag. Und zwar hier drinnen und mit Tierfutter. Ist das klar?«

Die beiden Jenosics nickten schuldbewusst, während Babs die Spritze aufzog. Die Kinder sprangen freudig auf und liefen zur Katze, die durch die angelehnte Türe in den Garten floh.

»Jetzt wartet, ich muss noch …«, rief Babs und lief ihr mit der Spritze nach.

»Müssen aufpassen im Garten«, schrie Frau Jenosic hinterher.

Aber es war zu spät. Von draußen drang ein markerschütternder Schrei herein, der sogar den kreischenden Fernseher der Großmutter im Nebenzimmer übertönte. Wir stürzten alle in den Garten. Herr Jenosic knipste das Licht auf der Terrasse an, und im fahlen Schein der Glühbirne sah man die Beine von Babs, die im Rasen gleich hinter dem Haus aus einem Erdloch ragten.

»Um Gottes willen«, sagte Frau Jenosic besorgt. »Ist nicht gut …«

Als wir hinkamen, rappelte sich Babs gerade mit schmerzverzerrtem Gesicht aus dem Loch und hielt sich das Knie.

»Was ist daaas?«, brüllte sie dabei vor Schmerz und Zorn.

»Grab für Katze«, sagte Herr Jenosic und hob mit einer entschuldigenden Geste die Hände.

In dem Erdloch hätte locker ein Bernhardiner Platz gehabt.

»Bring mich hier weg!«, sagte Babs wütend zu mir.

Ich drehte mich um, versuchte, nicht zu lachen, und rief den Notarzt.

Die fünfzehn Minuten, die der Sanitätswagen bis zum Eintreffen brauchte, warteten wir vor dem Haus, da Babs beschlossen hatte, keinen Fuß mehr in selbiges zu setzen. Immerhin brachte uns Frau Jenosic nach einigen Minuten zwei Tassen mit heißem Tee. Herr Jenosic ließ sich an diesem Abend allerdings nicht mehr blicken.

Babs' Jeans war aufgerissen, das Knie war rot und begann langsam anzuschwellen, die Vitaminspritze steckte irgendwo in dem ausgehobenen Katzengrab und die Katze selbst war untergetaucht und unauffindbar. Nur die Kinder waren glücklich.

»Tja, da kann ich Ihnen nicht helfen«, meinte der Sanitätsarzt und wiegte den Kopf. »Das muss geröntgt werden, und dann werden wir sehen, ob wir da nicht hinein müssen und den Einriss nähen.«

»Aber ich habe morgen selbst wieder Sprechstunde«, protestierte Babs.

»Mit *dem* Knie sicher nicht«, kam es knapp zurück.

Nach dem Eintreffen im Unfallkrankenhaus und nach einer schier endlosen Wartezeit war Babs' Knie geröntgt und ein Einriss eines Seitenbandes festgestellt worden. Inzwischen war es auch bereits ziemlich dick angeschwollen. Es half also nichts, Babs würde über Nacht im Spital bleiben und morgen noch eine nähere Begutachtung durch den Oberarzt über sich ergehen lassen müssen. Dann würde sich entscheiden, ob sie operiert werden musste oder »nur« einen Gipsverband bekommen würde. Nur widerwillig fügte sie sich in ihr Schicksal, zog ihre Handtasche ans Bett und kramte einen Schlüssel heraus, den sie mir hinhielt.

»Kannst du bitte morgen die Praxis aufsperren und die Leute vertrösten?«, fragte sie und ächzte dabei.

»Selbstverständlich gerne«, nickte ich. »Ist kein Problem, ich finde mich schon zurecht.«

»Danke, und ich sag noch meiner Mutter Bescheid, dass sie meinen Hund holen soll.« Sie lehnte sich zurück. »Ja, und ruf bitte meinen Steuerberater an. Die Nummer ist im kleinen Telefonbuch unter dem Pult. Er soll dich mit dem heutigen Tag anmelden.«

»Das heißt, ich habe den Job?«

»Na, was denn sonst?« Sie grinste mit gequält verzogenem Mund. »Hast mir ja schließlich das Leben gerettet. Wer weiß, vielleicht hätten die mich sonst noch statt der Katze verscharrt.« Sie war also offensichtlich wieder ganz gut bei Laune …

Etwas später ging ich dann trotz der Turbulenzen sehr zufrieden nach Hause, schließlich war es geschafft und ich hatte die Anstellung bekommen. Was als tierärztliche Assistentin gar nicht so einfach war, denn normal bezahlte Jobs sind in dieser Branche ziemlich rar. Viele der Tierärzte arbeiten nämlich ganz allein oder haben nur zeitweilig Aushilfen.

So wurde also Babs' »Todessturz«, von dem sie später noch oft erzählte, mein Sprung ins kalte Job-Wasser. Ich öffnete die Praxis am nächsten Tag und hielt sie auch die restliche Woche offen. Ich konnte eine Tierärztin natürlich nicht ersetzen, aber kleinere Wundversorgungen, den Verkauf von Tierfutter, Floh- und Wurmmittel und die Erteilung guter Ratschläge klappten ganz ausgezeichnet.

Babs wurde am nächsten Tag mit Gips aus dem Spital entlassen – eine Operation war zum Glück nicht nötig gewesen –, humpelte in ihre Wohnung, die im Stock über der Praxis lag, und ließ sich drei Tage nicht sehen. Am Wochenende klopfte sie mit einer Flasche Wein bei mir zu Hause an, bedankte sich für die tatkräftige Unterstützung und meinte, so eine Hilfskraft hätte sie sich schon lange gewünscht. Oh, das tat gut!

Ach ja, was noch nachzutragen wäre: Die Katze erholte sich auch ohne stärkende Spritze überraschend gut und wurde von nun an täglich gefüttert. Aus dem verhinderten Grab wurde ein wunderschönes Blumenbeet. Nur Herr Jenosic wechselt seitdem mit gesenktem Kopf die Straßenseite, wenn er Babs begegnet …

4

Vier Hände in der Maus

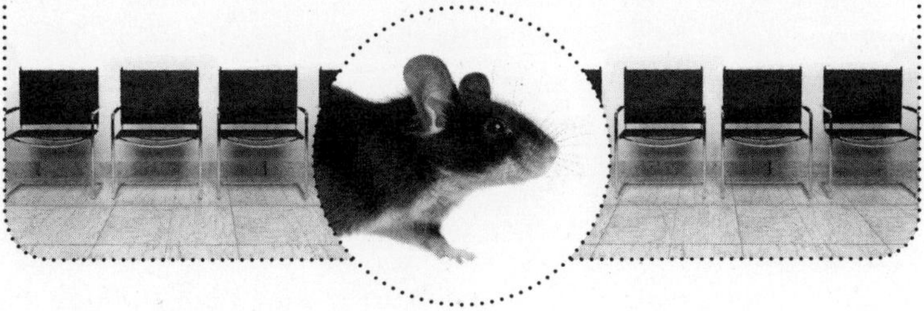

Bitte, bitte …« Zwei rot geweinte Augen blickten flehend zu mir herauf. Yvonne, das kleine dunkelhaarige Mädchen mit den vielen Sommersprossen aus unserer Siedlung, kannte ich normalerweise nur lachend und bestens aufgelegt.

Vor einer Viertelstunde war sie mit einer großen Schuhschachtel zu uns in die Praxis gekommen, in der etwas Heu und eine winzige weiße Maus steckten.

Wie sie erzählte, hatte sie ein paar Mäusen spontan das Leben gerettet. Ihre Schulfreundin Corinna, die zu Hause verschiedene Nagetiere hielt, hatte einen größeren Mäusewurf gehabt, aber Corinnas Vater bestand darauf, die Kleinen wegzugeben. Er meinte, jetzt sei es endgültig genug mit der Quietscherei und die Reptilienhandlung brauche sowieso immer Futtermäuse für die Schlangen. Das bedeutete also den sicheren Tod für die Mäuse. Aber das wollten weder Yvonne noch Corinna zulassen. Deshalb hatten sie von den sieben Mäusejungen vier an andere Kinder verschenkt und die drei, die übrig geblieben waren, hatte kurzerhand Yvonne mit nach Hause genommen.

»Bist du gegen Mörder?«, hatte sie ihre Mutter gefragt, die wissen wollte, was in der Schachtel war.

»Natürlich«, sagte die Mutter, »das ist doch selbstverständlich. Aber was ist denn da drinnen?«

»Sag zuerst, ob du drei Leben retten willst?«

»Na ja, kommt immer drauf an ...«, meinte die Mutter, nun bereits etwas vorsichtig geworden, da sie der Frage, die offensichtlich mit der Schachtel zu tun hatte, gerne ausweichen wollte.

»Da«, sagte Yvonne nun stolz und zog den Deckel vom Schuhkarton, »die habe ich vor dem Tod gerettet. Corinnas Vater wollte sie ermorden lassen!«

»Ermorden?«

»Ja, Corinna hätte den ganzen Wurf in eine Zoohandlung als Futter hergeben sollen. Da haben wir sie lieber verschenkt.«

»Und die drei sind übrig geblieben«, stellte die Mutter fest.

Yvonne nickte und hielt der Mutter die Schachtel unter die Nase. »Süß, gell?!«

Die Mutter nahm die Mäuse einzeln aus der Schachtel, betrachtete sie genauer und stellte dabei fest: Eine der Mäuse war ein Mäuserich.

»Den Buben kannst du aber nicht behalten, sonst bekommen sie bald wieder Junge. Und eine Mäusezucht kommt mir nicht ins Haus.« Die Stimme der Mutter war zwar freundlich, aber am Tonfall erkannte Yvonne, dass es in diesem Punkt keinen Verhandlungsspielraum gab.

»Dann lass ich ihn eben kastrieren«, sagte Yvonne schnell. »Dann können sie keine Jungen bekommen. Ist das okay für dich, oder bist du auch eine Mörderin?«

Die Mutter machte eine hilflose Handbewegung. »Na gut, dann kannst du die drei meinetwegen behalten. Aber das zahlst du von deinem Taschengeld!«

Das war also die Vorgeschichte. Yvonne hatte ihr Taschengeld zusammengekratzt, den Mäuserich wieder in die Schachtel getan – die beiden Mäusemädchen blieben einstweilen in einem alten Vogelkäfig in ihrem Zimmer – und war schnurstracks zu uns marschiert.

»Würden Sie bitte meinen Mäuserich kastrieren?«, hatte sie gefragt und die Schachtel auf das Pult gestellt.

»Das machen wir leider nicht«, sagte Babs nach einem kurzen Blick auf den Patienten. »Der ist doch viel zu klein und Mäuse leben sowieso nicht lange, da macht man das nicht.«

Babs ging mit einem anderen Patienten in den Behandlungsraum, und ich sah, wie für Yvonne eine Welt zusammenbrach. Sie stand flehend vor mir und sprudelte die ganze Geschichte heraus, während ihr die Tränen über die Wangen kullerten. Dabei hielt sie mir die offene Hand mit ihrem Taschengeld hin. Da konnte ich einfach nicht anders: Ich griff nach der Schachtel und schob sie ins Regal zwischen die Hundefutterdosen.

»Komm morgen nach der Schule. Ich werde die Frau Doktor schon überreden, dass sie es am Abend macht«, sagte ich. »Und steck dein Geld ein, für eine Lebensretterin machen wir das gratis.«

Yvonnes Augen leuchteten. »Danke«, sagte sie und wischte ihre Wangen ab. »Ich komme morgen gleich nach eins, wenn ich aus habe.«

Ich konnte einfach nicht anders, sie erinnerte mich ein klein wenig an mich selbst. Deshalb wusste ich, was es dem Mädchen bedeutete, und abgesehen davon konnte ich auch meiner Tochter in Sachen Tiere keine Bitte abschlagen.

»Ich mach es halt selbst«, sagte ich zu Babs, als der letzte Patient draußen war.

»Das ist doch blanker Unsinn«, meinte Babs. »Und alleine geht das gar nicht. Ich verstehe überhaupt nicht, was dir da eingefallen ist. Ich hab doch Nein gesagt.«

»Aber die Kleine war so traurig und hat geweint …«

»Und du hast dich wieder einmal weich klopfen lassen, typisch.« Babs schüttelte unwillig den Kopf. »Zahlen die das wenigstens?«

»Natürlich«, log ich, ohne mit der Wimper zu zucken.

»Na, dann bringen wir es halt hinter uns, wir wollen das arme Kind ja nicht ins Unglück stürzen.«

Sie ging – noch immer verärgert – in den Behandlungsraum und ich mit einem Aufatmen und der Mäuseschachtel hinter ihr her.

Babs hatte selbstverständlich recht, das wusste ich, denn diese Eingriffe kosten eine Stange Geld und sind angesichts der Lebenserwartung von Mäusen eher unnötig – oder zumindest unüblich. Auch ist eine Narkose bei Tieren, die nur einige Gramm wiegen, in puncto Dosierung immer eine Gratwanderung. Dementsprechend wenig begeistert ging Babs dann auch an die Arbeit.

Meine Aufgabe war es zunächst, eine Vene zu finden, um die Narkose überhaupt in das Tier hineinzubringen, was keine leichte Übung war. Vor allem das Fixieren des zarten Mäuseherren, damit man überhaupt eine Nadel setzen konnte, war ein heikles Unterfangen. Denn im Vergleich zu einem Mäuserückgrat ist ein Zahnstocher ein robuster Pfahl. Und eine Nadel zu finden, die zu einer Mäusevene passt, ist auch nicht gerade einfach.

Als Nächstes war die Auswahl des geeigneten OP-Bestecks und des Nahtmaterials gefragt. Als alles hergerichtet war und neben dem nun bereits schlafenden Mäuserich lag, machte das ganze Bild einen Eindruck, als wäre alles aus einem Spielzeug-Arztkoffer für Dreijährige.

Der Eingriff selbst war von den Handgriffen her dann zwar Routine – Strecken, Dehnen der Samenleiter, mit Klemmen so weit wie möglich aufhalten, damit Babs genug Platz findet, mit beiden Händen dazwischenzuschlüpfen, um die Samenstränge abzubinden –, nur die Hände selbst, groß wie Teufelspranken im Vergleich zum Operationsfeld, waren bei der ganzen Sache äußerst hinderlich. Viel zu große Fingerkuppen und riesenhafte Daumen der insgesamt vier ungelenken Menschenhände wühlten mit dem

Besteck in dem Miniaturmännlein herum. Normalerweise konnte man derartige Eingriffe fast mit verbundenen Augen durchführen, aber diesmal überlegten wir bei jeder Bewegung, spürten nach, ob das zwischen den Fingern überhaupt einer der hauchdünnen Fäden war, und hofften inständig, dass wir der Maus zwischendurch nichts brachen.

Mit einem Mal wusste ich auch wieder, warum ich so gerne mit Babs in der Tierarztpraxis arbeitete: Nachdem ihre schlechte Laune verflogen und sie nur noch an dieser einen heiklen Sache interessiert war, lief sie zur Höchstform auf und operierte mit kleinen, fast schon eleganten Griffen und einer traumhaften Sicherheit. Ja, sie war einfach eine gute Tierärztin.

Mit zeitweiligem Gelächter, vielen Verrenkungen und einigen verzweifelten Blicken dazwischen schafften wir schließlich doch das Unmögliche. Nach einer halben Stunde folgte nur noch die Wundversorgung – und schon lag vor uns ein kastrierter Mäusemann. Trotzdem stellten wir fest, dass die Mikrochirurgie eindeutig nicht zu unseren Lieblingsfächern gehörte …

Nachdem nun ohnehin schon so viel Narkosemittel, Antibiotika und schmerzstillende Substanzen in dem kleinen Tier waren, beschlossen wir, ihn ohne Aufweckmittel – in der Fachsprache heißt das Narkoseauflöser – aufwachen zu lassen, um seinen belasteten Kreislauf nicht noch mehr zu strapazieren. Dazu war wieder einiges an Fantasie gefragt, denn in der Narkose kühlt so ein Körper schnell aus, aber für die übliche Wärmelampe war er wiederum zu klein, die hätte ihn wahrscheinlich gegrillt. Wie also sollten wir den Kleinen jetzt warm halten?

Da *Fantasie* quasi mein zweiter Vorname ist, hatte ich aber die Lösung sofort parat. Ich nahm den Mäuserich mit zu mir nach Hause und machte ihm ein warmes Wasserbett. Dazu füllte ich einen OP-Handschuh mit warmem Wasser, verknotete ihn, legte den Mäuserich darauf und deckte ihn mit einem kleinen Waschlappen zu.

Er muss sich fühlen wie in einem Wasserbett in Las Vegas, dachte ich bei mir, während mein lieber Ernst – der zweite Mann im Bett – den Kopf schüttelte und fragte, welche Wünsche der Herr denn fürs Frühstücksbuffet am nächsten Morgen habe.

Herr Maus verbrachte die Nacht in seiner Schuhschachtel zwischen unseren Kopfpolstern, und ich tat fast kein Auge zu, da ich immer fürchtete, mein Mann würde sich unachtsam umdrehen und den Karton zerdrücken, oder der Mäuserich würde aufwachen und abhauen. Aber nichts dergleichen geschah, wir wachten alle drei morgens wohlbehalten auf, nur Ernst war ziemlich verquollen und nieste, da er auf das Heu allergisch reagierte. Ich tat aber einfach so, als würde ich seine vorwurfsvollen Blicke gar nicht bemerken, und ging mit Maus, Heu und Schachtel zum Frühstück.

So eine kleine Maus im Haus wäre auch für uns ganz nett, dachte ich, sagte vorsichtshalber jedoch kein Wort davon. Mit seinem Heuschnupfen hätte Ernst da sowieso niemals zugestimmt. Zumindest nicht ohne längere Diskussion und Protest. Aber ich weiß, wenn es einmal hart auf hart kommt und es ein Notfall wäre, würde er bestimmt nichts sagen. Denn er ist, auch was Tiere betrifft, eine Seele von Mensch.

»Daaanke …« Yvonnes Augen glänzten vor Freude und Dankbarkeit, als sie um halb zwei Uhr in die Praxis kam und der Mäuserich bereits wieder lustig in der Schachtel hin und her lief. Sie spielte noch eine Weile mit ihm, ich gab ihr ein paar Ratschläge für die nächsten Tage mit auf den Weg und schon dampfte sie glücklich ab.

Einen entscheidenden Fehler beging ich an diesem Nachmittag dann allerdings doch noch. Ich wollte gleich nach der Sprechstunde einkaufen gehen und rief Ernst an.

»Oh, das hättest du mir früher sagen sollen«, kam es von ihm auf meine Frage zurück, ob er mich mit dem Auto fahren könne. »Da musst du heute leider alleine gehen. Ich fahre jetzt in die Stadt zu einem Termin und komm erst am Abend zurück.«

»Schade. Kannst du mir wenigstens den Ferrari vorbeibringen?«, fragte ich. Das war die saloppe Bezeichnung für mein fahrbares Einkaufswagerl.

»Natürlich, bin gleich da.«

Ernst brachte mir also den Ferrari vorbei. Als er die Praxis schon fast wieder verlassen hatte, drehte er sich doch noch einmal um und steckte mir mit einem Zwinkern einen Hunderter zu.

»Danke, dass du das Einkaufen erledigst. Vielleicht findest du ja auch für dich noch etwas Schönes ...«

Damit hatte ich zwar überhaupt nicht gerechnet, aber da er nun einmal spontan freigiebig war, nahm ich das Geld dankend an. Ich würde die unerwartete Spende meiner Schuhkasse zuführen. Freudig steckte ich den Geldschein – und das war mein großer Fehler – einstweilen am Pult unter die Schreibunterlage.

Keine zehn Minuten später rauschte Babs, von der Behandlung eines hustenden Katers kommend, in den Warteraum. Ihr erster Blick ging zu dem leeren Fach im Regal, wo vorher noch der Mäusekarton gestanden hatte. Der zweite Blick blieb dann am Pult hängen, und noch bevor ich reagieren konnte, krallten sich ihre Finger um meinen Hunderteuroschein.

»Na, wenigstens hat sich die komplizierte halbe Stunde mit der Maus ausgezahlt«, sagte sie dabei schwungvoll – und der Geldschein verschwand irgendwo zwischen Arztmantel und Jeans auf Nimmerwiedersehen.

»Scheiße«, murmelte ich leise.

»Was?«

»Nichts, nichts! Alles wunderbar.«

Es war definitiv zu spät. Eigentlich hatte ich ihr in Ruhe beibringen wollen, dass ich Yvonne die Operation gratis gegeben hatte. Am gestrigen Tag war ich jedoch für die Diskussion schon zu müde gewesen und heute hatte es der dicht gefüllte Terminkalender einfach noch nicht zugelassen. Und jetzt, wo das Geld einmal in Babs' Tasche steckte, würde es dort bleiben, da half nichts mehr.

Wie gewonnen, so zerronnen, dachte ich.

Ernst durfte das natürlich auch nicht wissen, und so zückte ich später beim Einkaufen meine EC-Karte und weinte einem schönen Paar Schuhe nach.

Obwohl: Yvonnchens Tränen zu trocknen, war's wert gewesen – pfeif doch auf die blöden Schuhe.

5

Die schwarze Katerkatze

»Kohnmhnher.« Die arrogante männliche Stimme am Telefon nuschelte einen völlig unverständlichen Namen.

»Ko…, wie?«, fragte ich zurück.

»Kohm«, kam es nun etwas lauter und deutlicher, aber dafür jetzt auch noch unfreundlich. »K – 0 – H – M!«

»Ja, ja, schon recht«, sagte ich nun auch etwas spitz. »Und weiter, was können wir für Sie tun?«

»Ich brauche einen Termin.«

»Wofür?«

»Zum Kastrieren.«

Beinahe hätte ich laut aufgelacht, konnte es aber im letzten Augenblick noch unterdrücken. Ja, das würde ich mit dir überheblichem Patron gerne machen, dachte ich und verdrängte mit Mühe die hochkommenden Bilder.

»Um welches Tier handelt es sich denn?«, fragte ich stattdessen laut und betont höflich.

»Na, um meine Katze natürlich.«

»Aha.« Konnte ich ja nicht wissen. Was war das denn für ein furchtbarer Mensch? »Ich schaue mal, wann es geht.«

»Ich brauch den Termin nächste Woche.«

»Mal sehen, ob wir da einen Termin frei haben.« Ich begann, im großen Terminkalender am Pult zu blättern. »Ich glaube eher nicht, es ist immerhin die Woche vor Weihnachten und wir sind ziemlich voll …«

»Aber es muss nächste Woche sein, schlimmstenfalls müssen Sie eben ein paar Überstunden machen. Ich fliege übernächstes Wochenende für zwei Monate nach Mallorca und die Katze bleibt hier bei einer Familie in Pflege. Und ich möchte keinen unliebsamen Zuwachs haben, wenn ich zurückkomme. Außerdem riecht sie oft unangenehm.«

»Vielleicht könnte nach Weihnachten jemand von der Pflegefamilie kommen, das wäre einfacher …«

»Na, das kann ich den Leuten nicht zumuten!«

Super, dachte ich, aber unsere zusätzlichen Überstunden in der Weihnachtswoche sind ihm egal.

»Leider«, versuchte ich abzulehnen, »das geht überhaupt nicht mehr …«

Weiter war ich nicht gekommen, im Hörer tutete es bereits. Das A… am anderen Ende der Leitung hatte einfach aufgelegt.

Wenige Minuten später schoss Babs aus dem Behandlungsraum heraus in den Empfang und kam mit funkelnden Augen auf mich zu.

»Warum hast du mir denn den Herrn Diplomingenieur verärgert?«

»Wen?« Mir schwante nichts Gutes.

»Na, den Diplomingenieur, der wegen seiner Katze angerufen hat. Jetzt hat er mich am Handy gequält und sich beschwert.«

»Wieso hat er denn deine private Handynummer?« Ich verstand die Sache überhaupt nicht mehr.

»Na, das ist doch der, der bei meinen Eltern das Haus umgebaut hat«, sagte Babs forsch und zog den Terminkalender zu sich. »Und meine Mutter hat mich damals als Tierärztin empfohlen.«

»Ja, das weiß ich doch nicht!«

»Da, so!« Sie nahm einen dicken schwarzen Stift und strich am Dienstag den letzten Namen aus. »Die Frau rufst du jetzt an, dass sie erst nach Weihnachten kommen kann. Ich hab den Termin dem Diplomingenieur für die Kastration gegeben. Fertig – so einfach ist das!«

»Aber das ist doch eine Viertelstunde vor Schluss. Wenn wir da noch eine Katze kastrieren, dann kommen wir ja nie raus.«

»Hast du ein Problem damit?« Babs klang frostig.

»Na, das ist einen Tag vor Weihnachten.«

»Und? Geld ist Geld – dein Gehalt willst du ja auch pünktlich, oder?«

Irgendwie war sie mir in diesem Moment unsympathisch, auch das ewige Gejammere wegen des Geldes nervte mich. Immerhin kassierte ich hier tagein, tagaus, und ich wusste, welche Summen bewegt wurden und auch, wie viel Ausgaben wir hatten. Und wenn ich bedachte, was ich hier alles leistete, dann ging mir der Hut hoch. Außerdem hasste ich es, wenn man mich anpflaumte für Sachen, die ich nicht wissen konnte. Wenn es nicht wegen der Tiere gewesen wäre, hätte ich in der Sekunde alles hingeschmissen und ihr gesagt, dass sie ihren Dreck allein machen solle. Immerhin hatte ich vor Weihnachten noch einen Haufen Dinge zu erledigen.

Ich weiß schon, dass Weihnachten nicht für jeden wichtig ist, aber bei uns ist es ein richtiges Familienfest. Ernst und ich sind Patchworker, solche, bei denen es echt gut funktioniert. Wir haben gemeinsam fünf Kinder, alle haben bereits Anhang und Weihnachten ist bei uns Open House. Für mich heißt das: Am Abend zuvor muss der Baum stehen, am Vierundzwanzigsten setze ich nach dem Frühstück einen riesigen Topf Punsch auf und dann bringe ich alle Geschenke in Position und begebe mich – bis auf ein paar kleine

Unterbrechungen – in die Küche, wo ich den ganzen Tag zubringe, damit es zwischendurch eine leckere Jause gibt und am Abend ein besonderes Essen. Heuer gibt es zum Beispiel Wildschweinbraten, der alleine benötigt sechs Stunden Hingebung, mit Maronisauce, Preiselbeerorangen, Rotkraut und Kroketten. Also ist es für mich nicht egal, wann ich in der Weihnachtswoche Dienstschluss habe.

Am darauffolgenden Dienstag – wie gesagt knapp vor sieben Uhr abends und noch dazu am Tag vor Heiligabend – trat ein älterer Herr in die Praxis. Er näherte sich dem Pult und sagte dabei undeutlich einen Namen, der so ähnlich klang wie Meier.

»Ja bitte?«, fragte ich.

Da der Herr keine Katze dabeihatte und außerdem so ähnlich wie Meier hieß, konnte es nicht die angemeldete Kastration sein.

»Kohmeier«, kam es mit einem Kopfschütteln zurück. »Ich komme wegen der Katze. Verstehen Sie die Namen von Patienten eigentlich nie?«

»Entschuldigung«, meinte ich verwirrt – er war es also anscheinend doch. »Haben Sie am Telefon nicht ausdrücklich K – O – H – M buchstabiert und nicht Kohmeier?«

»Ja, den Anfang, damit Sie ihn korrekt mit ›h‹ notieren. Ich konnte ja nicht annehmen, dass Sie auch Probleme haben, ›eier‹ richtig zu schreiben.«

»Gut, dann entschuldigen Sie«, sagte ich überförmlich und brach die sinnlose Namensdiskussion ab. Ich wäre sonst ansatzlos veranfallt, mir stand es wirklich schon bis obenhin und ich musste heute zu Hause auch noch den Baum schmücken. »Wo ist das Tier?«

»Na, im Auto.« Er reichte mir einen Schlüssel.

»Aber …?«

»Ich habe leider keinen Katzenkäfig, also habe ich sie so ins Auto gesetzt …«

»Und?«

»Das blöde Vieh möchte nicht mehr aussteigen! Es ist der graue Opel, steht direkt vor der Tür.«

Wortlos nahm ich den Schlüssel und ging hinaus. Das blöde Vieh, wie er es bezeichnete, war eine große schwarze Langhaarkatze und lag gemütlich auf dem Rücksitz.

Sie schnurrte, als ich sie nahm, und ließ sich problemlos in die Praxis tragen. Womit hatte dieses schöne Tier so einen Menschen verdient?

Inzwischen war Babs mit dem Diplomingenieur »Kohm-mit-Eier« – so nannte ich ihn ab nun insgeheim – in ein Plauderstündchen verfallen. Sie deutete nur mit einer Handbewegung in den Behandlungsraum und meinte, ich solle die Katze einstweilen schlafen legen und rasieren, sie komme gleich nach.

Ich bereitete also den OP-Tisch vor, legte die Katze in Narkose und rasierte ihr den Bauch für die bevorstehende Operation. Dabei kam zu meiner Überraschung eine Narbe zum Vorschein, so als wäre die Katze bereits kastriert worden.

»Schau dir das einmal an«, sagte ich zu Babs, als sie endlich hereinkam. »Es schaut so aus, als wäre die Kastration schon gemacht worden. Weißt du, wie lange er die Katze schon hat?«

»Nein. Ist mir auch egal, wir sind jetzt da und machen die OP, sonst verdienen wir nichts und können uns noch um die Kosten für die Narkose streiten.«

»Und wenn sie schon kastriert wurde?«

»Dann kontrollieren wir, ob es ordentlich gemacht ist, und binden es dem Kohmeier nicht auf die Nase, verstanden?«

»Okay, okay!«

Also, rein in den Bauch. Babs machte den Schnitt und ich begann, nach den Eierstöcken zu suchen – vergeblich.

»Sind keine mehr da«, sagte ich, während ich in dem Katzenbauch herumfingerte. »Sie hat auch keine Gebärmutter mehr.«

»Such die alten Ligaturen, dann schauen wir, ob alles in Ordnung ist.«

Ligatur ist der Fachausdruck für die Unterbindung der Eileiter und der Blutversorgung, bevor die Organe abgetrennt und herausgenommen werden. Ich suchte also weiter, fand aber nichts dergleichen. Achselzuckend schaute ich Babs an.

»Dann machen wir wieder zu und fertig. Ich halte ihn einstweilen bei Laune und sage ihm, alles wäre in Ordnung«, meinte sie geschäftsmäßig und rauschte hinaus.

Ich brachte die Nähte an und begann als postoperative Versorgung, die frische Narbe großräumig mit Desinfektionsmittel abzutupfen.

Das arme Tier, dachte ich dabei, nur wegen des Honorars nochmals aufschneiden, unnötige Schmerzen … »Was ist denn das?«, entfuhr es mir mit einem Mal.

Durch das Desinfektionsmittel waren die restlichen Bauchhaare der Katze nass geworden, das Fell legte sich glatt an, und zwischen den Beinen der Katze kamen – prächtige Hoden zum Vorschein! Ich ging nach nebenan und öffnete die Türe zum Warteraum einen Spalt.

»Kannst du bitte mal kurz kommen?«, fragte ich Babs eindringlich, die sich von ihrem Gespräch löste und hereinkam.

»Was ist denn?«

»Da, schau!« Ich zeigte auf die Hoden. »Es ist ein Kater! Und wir haben gerade zum zweiten Mal versucht, ihm eine Gebärmutter rauszunehmen.«

»Aha.« Babs wirkte ungerührt. »Na, dann schneiden wir ihm eben die Eier ab.«

So geschah es dann auch. Ich rasierte den restlichen Bauch noch ab und wir nahmen dem Kater seine Männlichkeit. Dann versorgte ich auch noch die zweite Wunde und wir holten aus dem Keller den Katzenkorb, den wir dort für Notfälle in Reserve haben. Wir betteten den schwarzen Kater hinein, der noch immer selig schlief.

»Außerdem«, setzte ich am Ende meiner Erklärung noch hinzu, während ich die Rechnung fertig machte, »wurde bei Ihrem Kater schon einmal eine Bauchoperation gemacht. Also dürfte schon einmal eine weibliche Kastration versucht worden sein.«

Babs hatte sich gleich nach der OP freundlich verabschiedet und war nach oben in ihre Wohnung, die über der Praxis lag, gerauscht. Sie überließ mir nicht nur das Kassieren, sondern auch die Aufklärung des Diplomingenieurs.

»Das ist unmöglich«, stritt er ab. »Ich habe sie, seit sie ganz klein war, und ich habe noch nie eine Operation bei meiner Katze durchführen lassen.«

»Bei Ihrem Kater«, verteidigte ich die Männlichkeit des Tieres.

»Auch da müssen Sie sich irren«, sagte der Diplomingenieur mit einem überheblichen Blick, als würde er an meinem Verstand zweifeln. »Charlotte war immer eine Katze. Von Anfang an!«

»Nein, sicher nicht«, entgegnete ich.

Darauf hatte ich nur gewartet. Ich zog die beiden Hoden des Katers aus der Tasche, in die ich sie genau für diesen Moment in einem kleinen Plastiksäckchen eingesteckt hatte, und ließ sie vor ihm baumeln.

Das sind Eier. Schreibt sich so wie Sie, nur ohne »Kohm«, hätte ich dabei am liebsten gesagt, was ich mir aber natürlich verkniff. Stattdessen versuchte ich, zumindest ebenso herablassend zu klingen wie er.

»Katzen und Kater hält man beim Tierarzt schon auseinander, dafür studiert man auch einige Jahre an der Uni.«

»Ja? Und warum hat ihr die Frau Tierarzt dann zuerst den Bauch aufgeschnitten, wenn sie so lange dafür studiert hat?«

Shit, 1:0 für Kohmeier. Das war natürlich ein Argument, das meine Arroganz augenblicklich schwinden ließ, da ich darauf keine Antwort wusste. Schnell zog ich mich auf das sichere Terrain der Assistentin zurück und schob ihm die Rechnung über das Pult.

»Achtzig Euro macht das«, sagte ich, so als hätte ich seine Bemerkung überhört.

»Ist das nicht ein wenig teuer?«

Das durfte nun aber doch nicht wahr sein. Versuchte er am Ende gar, auch noch zu handeln?

Schließlich bezahlte er murrend, nahm die schwarze Katerkatze – natürlich ohne eine dankende Erwähnung für den geborgten Tragekorb – und ging. Irgendwie hörte ich noch, wie er etwas vor sich hin murmelte, das so klang wie, er werde nun den Züchter verklagen müssen, der ihm einen Zwitter angedreht hatte.

Ich war glücklich, dass ich die nächsten Tage weder Babs noch Patientenhalter zu Gesicht bekam. Ich machte noch die Praxis und den OP sauber, brachte die Patientenakte mit ein paar Bemerkungen auf den letzten Stand, drapierte das eingenommene, heilige Geld auf dem Tresen und sperrte grußlos die Praxis zu.

War ich froh, endlich zu meinem Ernst zu kommen. Gegen die vorangegangenen Wochen wurde mein Weihnachtsstress die reinste Erholung.

6

Ein eiskalter Diebstahl

Es war wieder einmal so weit – Life Ball in Wien. Wie jedes Jahr fieberte ich dem Abend entgegen, der für mich immer ein besonderes Erlebnis ist: ein Open-Air-Event im Kampf gegen Aids, bei dem Tausende homo-, trans- oder sonstwie-sexuelle Besucher die ganze Wiener Innenstadt lahmlegen. Für mich bedeutete dies vor allem: coole Klamotten, laute Musik, schräge Promis und einige Stunden ohne Mann und Kind so richtig die Sau rauslassen – im streng tierärztlichen Sinn gesprochen, versteht sich.

Der Tag der Paradiesvögel rückte näher, Babs und ich saßen bei mir zu Hause in der Küche und berieten, welches Outfit zu wählen sei – der Ball hat jedes Jahr ein besonderes Thema, unter das die Besucher ihre spärliche Bekleidung stellen sollen. Dieses Jahr war das Thema »Luft« ausgerufen worden.

Nach vielen Vorschlägen einigten wir uns schließlich auf ein blaues Trikot mit blauer Körperbemalung und Wolkenmotiven, eine große Kette mit durchsichtigen, luftblasenähnlichen Plastikkugeln und eine hochtoupierte Frisur, in die wie bei einem Wirbelsturm kleine Automodelle, Miniaturtierchen und noch einiges mehr eingearbeitet waren. Die Herstellung des Kostüms und vor allem der Frisuren und Make-ups würde mühsam werden, aber Babs und ich waren bereits zu tief im Prosecco, um uns vor dem Schminkaufwand zu fürchten.

Am Tag des Events waren wir dann bei Babs in dem kleinen Raum hinter der Praxis, um uns herzurichten. Das Schminken ging überraschend problemlos und machte riesigen Spaß, und irgendwann – Ernst, der die Sache meist mit verständnisvollem Humor trägt, musste für uns nochmals zwei Dosen Haarspray nachkaufen – hielten sogar die aufwendigen Wirbelsturmfrisuren mit den Autos. Abschließend noch ein paar Erinnerungsfotos und ab ins Taxi und in den Trubel. Die Parade der Stars und Sternchen war zwar wie immer ein wenig gekünstelt, aber dafür trafen wir in der Menschenmenge ein schwules Pärchen in einem braun-gelb gestreiften Bienen-Outfit, wobei sich eine der Drohnen als ehemaliger Schulfreund von Babs entpuppte. Wir zogen gemeinsam von der Ringstraße durch die wogenden Mengen ins Rathaus, tanzten viel miteinander und genossen die amüsante Gesellschaft.

Stunden später – inzwischen war es halb drei Uhr morgens – stiegen wir ziemlich angeheitert und bei eiskaltem Wind vor Babs' Haus, in dem ja auch die Praxis liegt, aus dem Taxi. Unser schwules Pärchen war so freundlich gewesen, uns heimzubringen, und fuhr dann mit dem Wagen weiter.

»Einen müssen wir noch trinken«, sagte Babs mit schwerer Zunge, »nur so zum Abschied …«

»Na gut«, willigte ich ein, denn bis nach Hause hatte ich ja nur ein paar Schritte.

Ein paar Minuten später saßen wir uns im Wohnzimmer gegenüber. Die Wirbelsturmhaare waren wie harte Strohbüschel, die aber immer noch ganz passabel aussahen, die weißen Wölkchen auf der Brust glichen dagegen eher einer grauen Schlechtwetterfront und unsere Gesichter dazwischen waren auch nicht mehr die allerfrischesten. Wir mussten über unser Aussehen laut loslachen.

»Oh shit«, sagte Babs, als sie den Kühlschrank aufmachte, um uns noch ein letztes Glas zu kredenzen. »Ist keiner mehr drinnen.«

Das bedeutete: Nachschub aus dem Gartenhaus holen. Dazu muss man wissen, dass sich das Prosecco-Lager in der Todestruhe befand. Ja, richtig gelesen – in der Todestruhe! Wenn man hinunter und durch die Praxis hindurch in den Garten ging, stand hinten am Zaun ein Gartenhaus. Dort gab es eine große alte Kühltruhe, in der alle toten Tiere lagerten, die eingeschläfert worden waren und deren Besitzer sie nicht mitgenommen hatten. War die Truhe voll, kam ein Wagen von der Tierkörperverwertung und holte die Kadaver ab. Und obenauf lagen gut gekühlt immer mehrere Flaschen Prosecco.

Babs schlüpfte leise fluchend wieder in ihre Schuhe, nahm die Taschenlampe und ging hinunter. Nach einer Weile stolperte sie die Treppe in die Wohnung wieder herauf.

»Sie ist weg!«, rief Babs entgeistert.

»Wer ist weg?« Ich verstand nicht, was sie meinte.

»Die Truhe!« Babs blieb vor mir stehen und hob die Hände mit einer hilflosen Geste. »Sie ist nicht mehr da!«

»Und da bist du dir ganz sicher?« Ich lachte – Babs hatte anscheinend wirklich zu viel intus.

»Na, dann schau halt selbst.« Sie deutete nach unten. »Ich bin doch nicht blöd.«

Ich stand auf, atmete zweimal tief durch, um klar im Kopf zu werden, und ging die Treppe hinunter.

Lächerlich, dachte ich mir dabei, wo soll die Truhe denn sonst sein und vor allem: Wer hat schon Interesse an einer Truhe mit Kadavern?

Das Tor des Gartenhauses stand noch offen und drinnen brannte Licht. Babs hatte es in ihrer Aufregung nicht ausgemacht, so war der schmale Weg im Garten durch den herausfallenden Lichtschein einigermaßen hell. Auch das hintere Gartentor, das sonst immer mit einer Kette versperrt war, stand offen. Ich kam aber nicht mehr dazu, mich darüber zu wundern, denn als ich ins Gartenhaus hineinschaute, sah ich, dass der Platz, wo normalerweise die große Kühltruhe stand, leer war.

»Das gibt's doch nicht …«, murmelte ich.

Babs war mir gefolgt und baute sich vor mir auf.

»Na«, sagte sie, »glaubst du mir jetzt?«

Ich nickte – es war eindeutig eingebrochen worden. Jetzt erst bemerkte ich, dass auch mein altes Fahrrad fehlte, das ich hier untergestellt hatte, um es für Hausbesuche im näheren Umkreis zu verwenden.

»Mein Rad ist auch weg«, deutete ich auf den leeren Ständer. »Und die Gartentür ist nicht zu.«

Während ich mich umsah, was noch alles fehlte und wie das Ganze abgelaufen sein könnte, war Babs bereits dabei, die Polizei zu rufen. Sie stammelte in ihrer Aufregung etwas von Einbrechern und gestohlenen Leichen ins Telefon. Das hätte sie besser nicht machen sollen …

Binnen weniger Minuten kamen zwei Fahrzeuge angerast: zuerst ein dunkelgrauer BMW mit zwei Männern in Zivil und dann von der anderen Seite eine Funkstreife mit Blaulicht, ebenfalls mit zwei Beamten besetzt, diese jedoch in Uniform. Während das Polizeifahrzeug vor der Praxis hielt, bog der BMW mit quietschenden Reifen in die schmale Straße zur Gartenzufahrt ein und blieb den Hintereingang blockierend stehen. Die beiden kleinen Zypressen, die Babs erst vor einer Woche rechts und links des Gartentores frisch gesetzt hatte, überlebten diesen Frontalangriff leider nicht.

Wir standen noch fassungslos vor der Gartenhütte, als die beiden Polizisten auf uns zurannten. Aus Babs' Gesicht wich jegliche Farbe. Einer der Polizisten riss einen großen Handscheinwerfer hoch und leuchtete uns an.

»Haben Sie uns angerufen?«, fragte eine unfreundliche Stimme knapp und herrisch von hinter der Taschenlampe.

Ich deutete nur stumm auf Babs, die wie wild nickte.

»Ja«, stammelte sie dazu und versuchte, ihre wirren Haare zu richten, was aber unmöglich war, da sie durch das viele Haarspray immer noch tornadoartig vom Kopf abstanden.

Der Scheinwerfer erlosch und der ältere der beiden Polizisten schob uns in die Hütte hinein zum Licht.

»Falscher Alarm«, rief er dabei in Richtung des BMW. »Nur zwei b'soffene Madl'n!«

Das hatte eine lautstarke Unmutsäußerung des BMW-Fahrers zur Folge, die ich zwar nicht verstand, die aber sicher nicht ganz jugendfrei war. Er stieg wieder ins Auto und der BWM fuhr nun rückwärts noch einmal über die beiden Zypressen und dann davon.

Der Polizist wendete sich wieder uns zu und hob warnend den Finger. »Den Einsatz müsst ihr zahlen, das versprech ich euch!«

Da machte er die Rechnung jedoch ohne Babs. Sie hatte sich inzwischen wieder gefangen und vertrug es überhaupt nicht, wenn sich jemand im Ton vergriff. Schon gar nicht ein Beamter, der – wie sie betonte – von ihren Steuergeldern bezahlt wurde. Sie richtete sich kerzengerade vor ihm auf, hob den Tornadokopf mit den kleinen Plastikautos und funkelte ihn an.

»Erstens bin ich Doktor der Veterinärmedizin und nicht Ihr Mad'l, zweitens sind wir nicht per Du und drittens habe ich Sie gerufen, weil in meinem Haus eingebrochen wurde.«

Er schaute sie verdattert an – diese Ansprache hatte er nicht erwartet.

»Aber das mit den Leichen war doch ein Scherz, oder?«, murmelte er jetzt recht vorsichtig.

»Nein, das war kein Scherz.« Babs zeigte auf die sichtbaren Ränder der Truhe am Boden. »Hier stand eine Kühlbox, in der wir die Kadaver der toten Tiere aufbewahren, bis sie von der Verwertungsfirma abgeholt werden. Und in dem leeren Ständer dort hinten stand gestern noch ein Fahrrad.«

»Na dann, verzeihen Sie …«

»Sie brauchen sich nicht zu entschuldigen«, schnitt ihm Babs das Wort ab, »machen Sie einfach nur Ihre Arbeit.«

In dem Augenblick bewunderte ich, wie schnell sie fast ganz nüchtern geworden war. Die Polizisten machten einige Fotos vom Tatort, den wir natürlich vollkommen zertrampelt hatten, verloren darüber aber kein Wort mehr.

Der Wallander hätte uns das sicher nicht durchgehen lassen, dachte ich und lachte leise in mich hinein, als wir zur schriftlichen Bestandsaufnahme ins Haus gingen.

Der ältere Polizist nahm unsere Personalien und die Schilderung des Vorfalls auf, stellte noch einige Fragen dazu und blieb nun außergewöhnlich höflich. Sogar als sich Babs plötzlich kurz empfehlen musste, um sich auf der Toilette hörbar zu übergeben, zuckte er mit keiner Wimper.

Der jüngere Polizist, der diskret neben der Wohnzimmertür stehen geblieben war, blickte einige Male sprachlos zu uns herüber. Er konnte das Bild, das wir darboten, nicht so richtig fassen und hielt uns sicherlich für zwei Lesben, die im Partnerlook auf dem Life Ball gewesen waren …

Am nächsten Tag saßen Babs und ich bei mir in der Küche und versuchten, unsere Haare wieder in einen straßentauglichen Look zu bekommen. Durch den vielen Haarlack, das Toupieren und die unzähligen Haarnadeln, die das Kleinzeugs darin wahrlich verankert hatten, keine leichte und vor allem keine schmerzfreie Angelegenheit. Gerade als ich mühsam eine Strähne entwirrte, kam Ernst herein und brachte zwei neue kleine Zypressen für Babs' Gartentor. Er verlor weder über die nächtliche Polizeiaktion noch über meinen verkaterten Zustand ein Wort.

Und einige Wochen später – wir hatten die Angelegenheit beinahe schon wieder vergessen – erreichte Babs ein Schreiben vom Veterinäramt mit einem regelrechten Anschiss und der Aufforderung, Tierkadaver »hinkünftig einer der Art entsprechenden und diebstahlsicheren Zwischenverwahrung zuzuführen, damit einer willkürlich unsachgemäßen Verbringung durch dritte Personen vorgebeugt werden könne«.

Ja, diesen Satz mussten wir mehrmals lesen. So etwas hatte uns zu guter Letzt gerade noch gefehlt, wo doch die Gartenhütte weder in der Hausratversicherung der Wohnung noch in der Betriebsversicherung der Praxis aufgelistet war. Babs bekam also nicht einmal die Kühltruhe von der Versicherung ersetzt – vom Prosecco ganz zu schweigen.

7

Die Flodders gibt es überall

Manche Geschichten bekommen erst mit sehr viel Abstand eine skurrile, humorvolle Note. Es gibt Familien, die bedienen Klischees nicht nur, sie strapazieren diese förmlich. Leider darf man ja heutzutage gewisse Begriffe, die tatsächlich den Punkt treffen, nicht mehr verwenden, wie zum Beispiel »asoziales Gesindel«.

Heute muss alles verbal schön verpackt werden mit lustig gepunkteten Schleifchen darauf, damit es irgendwie nett klingt. Also lautet die Beschreibung: eine bildungsferne Familie, die der Meinung ist, Körperhygiene wird echt überbewertet. Die auch ständig im Clinch liegt mit Sozialämtern, Jugendämtern und der dazugehörigen Fürsorge. Die Enkelkinder haben anscheinend wenigstens die Chance, diesen Teufelskreis zu durchbrechen, da sie bereits in Pflegefamilien oder Heimen untergebracht sind. Diese Familie ist auch anmaßend, raubt die Zeit und Geduld anderer Menschen und beherbergt eine Armada an Tieren, weshalb sie auch quasi Dauergast in unserer Praxis war.

Es fing eigentlich ganz harmlos an. Das Wartezimmer war gut gefüllt und wir arbeiteten die Fälle entspannt ab. Gott sei Dank war an diesem Tag nichts Dramatisches los: ein paar verstimmte Mägen, einige Krallen kürzen, diverse Jahresimpfungen, einen Neuzuwachs durchchecken, chippen und impfen.

Es gehörte zu meinen absoluten Lieblingsaufgaben, neue Welpen willkommen zu heißen und ihnen gleich die Erfahrung mitzugeben, dass ein Besuch beim Tierarzt absolut nichts Furchtbares ist, sondern eher das Gegenteil, zumindest solange ich da war. Bitte, meine Hunde sehen das anders, aber die Patienten kamen zum größten Teil gerne in die Praxis. Es war immer schön, wenn es die ganze Zeit etwas zu tun gab, aber nicht um Leben oder Tod ging. Es lag in der Natur der Sache, dass ich recht viel zwischen Behandlungsraum und dem Empfangsbereich hin- und herlaufen musste, denn Computer und Kasse befanden sich im Empfangsbereich. Es gehörte zu meinen Aufgaben, erfolgte Behandlungen einzutragen, falls nötig Rezepte auszustellen und natürlich die Verrechnung vorzunehmen. Dazwischen waren auch Neuankömmlinge zu fragen, ob etwas Dringliches anliegt.

Nachdem ich bereits einige Male zwischen den Räumlichkeiten herumgewuselt war, stieg mir immer wieder ein penetranter, unangenehmer Geruch in die Nase.

»Sag mal, hast du eine Idee, was vorne so gotterbärmlich stinkt?«, fragte ich Babs zwischen zwei Patienten.

»Keine Idee, heute war sogar schon die Putzfrau da«, erwiderte sie.

Da ich ja ein freundlicher Mitmensch bin, wollte ich die Schar an Patienten in dieser Geruchszumutung nicht sitzen lassen und öffnete Fenster und Türen, damit es anständig durchzog. Zumal es Sommer war, entstand kein Temperaturproblem.

»Es tut mir leid, leider ist ein Medikament zu Bruch gegangen«, entschuldigte ich mich dazu. Ich konnte ja schlecht sagen: »Leute, ich öffne mal die Fenster, bis ich Zeit dazu habe, das zu finden, was hier offensichtlich seit Tagen in irgendeiner Ecke riechbar verreckt.«

Die meisten nickten dankbar und waren froh über die frische Luft. Für uns hieß es einfach weiterarbeiten; um solche Dinge können wir uns erst nach Ende der Sprechstunde kümmern.

Wieder einmal an diesem Nachmittag öffnete ich die Türe zum Wartezimmer. »Der Nächste bitte«, sagte ich dazu.

Eine Frau mittleren Alters, offensichtlich in Begleitung ihrer Tochter, betrat den Behandlungsraum mit einem großen Korb in der Hand. Ich schloss die Türe hinter den beiden und plötzlich war es klar: Nichts war in irgendeiner Ecke verreckt, die Quelle des Gestanks waren die beiden. Mein erster Gedanke war: oh Gott, die Flodders. Wirklich, es ist kein Problem, wenn jemand finanzschwach ist – arm soll man ja auch nicht mehr sagen –, aber mir fehlt es an Verständnis, wenn auf manchen Einkaufslisten Seife, Deo und Waschmittel nicht vorkommen.

So salopp sie mit ihrer Körperpflege umgingen, war auch gleich ihr Ton: »Ich bin die Michaela und das ist Silvia, wir haben ein Kaninchen gefunden, aber das frisst seit drei Tagen nichts«, so war von Anfang an gleich per Du zu vernehmen.

Ich musste mich erst ein wenig konzentrieren, um sie einwandfrei zu verstehen, da ihr bereits viele Zähne fehlten. Wie gesagt, manche bedienen nicht nur Klischees, sie schaffen sie.

Ihre Ansage war gleich einmal Öl ins Feuer gegossen. Wer Kaninchen oder Ähnliches zu Hause hat, sollte wissen, dass es fatale, lebensbedrohliche Folgen hat, wenn ein Nager nicht ständig frisst. So ein Nagerdarm darf nicht zur Ruhe kommen. Einem Kaninchen, das nichts frisst, dem schaut man zuerst einmal ins Mäulchen.

Treffer, das arme Tier hatte nicht nur eine gewaltige Zahnfehlstellung, sondern es waren auch die unteren Zähne in den oberen Kiefer eingewachsen. Ein Wunder, dass es überhaupt noch lebte.

Babs und ich waren uns in einem sehr ähnlich: Tiere in solch einem Zustand auf dem Tisch zu haben, machte uns unbändig zornig. Da uns bereits einigermaßen übel vom Geruch war und wir das arme Tier sowieso in Narkose legen mussten, um das ganze

Ausmaß zu überblicken und etwas tun zu können, warf mir Babs einen Blick zu, der übersetzt hieß: Schaff diese Leute hier raus.

»Die Kleine muss hierbleiben«, erklärte ich ihnen, »wir haben nur noch einen Patienten, dann schließen wir. Im Anschluss werden wir das Kaninchen operieren. Bitte lasst uns eure Telefonnummer hier, ich melde mich, sobald ich irgendetwas sagen kann.« Mit diesen Worten komplimentierte ich sie wieder zurück in den Empfangsbereich.

»Das geht nicht, wir können eine Operation nicht bezahlen«, bekam ich als Antwort zurück.

»Egal, wir werden uns schon einigen, wir haben ja auch Tierschutztarife für solche Fälle.« Ein Satz, der noch ungeahnte Ausmaße bekommen sollte. Im Klartext hieß das nämlich: unbezahlte Überstunden, um ein armes Wesen von seinen Schmerzen zu befreien und etwas für das eigene Karma zu tun.

Ich möchte Ihnen die Einzelheiten dieser OP ersparen, es sei nur so viel gesagt. Das Mitleid erregende Karnickel hatte noch viele Eingriffe vor sich, dazwischen antibiotische Behandlungen, gekoppelt mit Aufpäppelphasen.

Da es Tag und Nacht in zweistündigen Abständen mit einem speziellen Brei und Medikamenten gefüttert werden musste, wurde es getauft und zog bei mir ein. Die Vierundzwanzig-Stunden-Pflege war bei mir zu Hause gewährleistet, zu diesem Zeitpunkt war meine Tochter mitten in ihrer Ausbildung zum Tierpfleger, somit war immer jemand für das Kaninchen da. Nebenbei bemerkt, Trixi, so hieß das Kaninchen jetzt, war ein selten schönes Exemplar seiner Gattung.

Das Telefonat mit Michaela war kurz und schmerzlos. Ich erklärte ihr, dass ich das Tier übernehmen würde, da es so viel Pflege brauche und noch viele OPs, die ein Otto Normalverbraucher nicht leisten könne, und die Angelegenheit sogar mit Tierschutztarifen unbezahlbar werde.

Es verging nicht einmal eine Woche, da saßen die beiden schon wieder im Warteraum – diesmal mit zwei Körben. Kaum im Behandlungsraum, wurden Babs und ich zugedröhnt mit den Gerichts-Jugendamt-Fürsorge-Geschichten. Da diese Geschichten kein Ende zu haben schienen, unterbrach ich mit der Frage, was denn in den Körben sei.

Also, in dem einen befand sich eine Kaninchendame, die sich nicht mehr am Ohr anfassen ließ, kein Wunder, da sie dort eitrige Abszesse hatte.

Babs holte an dieser Stelle zu einem umfassenden Vortrag über Hygiene im Kaninchengehege aus, was den Redefluss von Michaela unterbrach und die ganze Behandlungszeit in Anspruch nahm. Nahtlos ging Babs dann dazu über, wie das Kaninchenohr zu pflegen und was bei der Medikation zu beachten sei. Beides sei penibel einzuhalten, und es lasse sich nicht vermeiden, dass sie zweimal wöchentlich zur Kontrolle kämen. Ein Glück, dass nichts los war, sonst wäre die Wartezeit für andere Patienten unerträglich geworden.

Nun zu Körbchen zwei, dessen Inhalt wir noch nicht kannten.

»Da drinnen sind die Kaninchenbabys, wir wollen wissen, welche Buben und welche Mädchen sind«, meldete sich zur Abwechslung Silvia zu Wort. Sie schaute mich immer wieder etwas seltsam von der Seite an, was mir auch schon in der Woche zuvor aufgefallen war.

Also, auf zur Karnickelgeschlechtsbestimmung und zum nächsten Vortrag. Ich wusste genau, was jetzt kam – Babsis Monolog über Zucht, Inzucht und Kastration. Bei diesem Thema wäre, was die Länge des Monologs betrifft, selbst Shakespeare blass geworden.

Getoppt wurde es dann aber noch von der leidigen Diskussion über die Bezahlung. Nachdem wir keine Kaninchenbabys in Zahlung nahmen, musste eine Lösung her. Diese hieß: nur eine Behandlungsgebühr, egal wie viele Tiere, Eigenkosten an Medikamenten, und das Ganze noch in Raten. An manchen Tagen wünscht man sich nichts sehnlicher herbei als das Dienstende.

Ich überließ Babs und Michaela sich selbst und bat Silvia nochmals in den Behandlungsraum. Denn ich befürchtete, dass bei dem ganzen Gerede die Medikation für das Karnickelohr untergegangen war.

Ich trete eher selten in Fettnäpfchen, aber passend zum Tag stürzte ich mich kopfüber hinein. Zuerst erkundigte sich Silvia nach Trixi. Ich gab Auskunft über diverse Behandlungen und über ihr Befinden. Dann holte ich zum eigentlichen Grund für das Gespräch aus: »Also, ich hab es zwar deiner Mutter bereits gesagt, aber nur um sicherzugehen, möchte ich …«, zu mehr kam ich nicht.

Silvia unterbrach mich und warf mir wieder so einen Blick zu, den ich nicht richtig deuten konnte.

»Michaela ist nicht meine Mutter, sondern meine Lebensgefährtin«, klärte sie mich auf und ihr Blick bekam plötzlich Inhalt für mich: Oh mein Gott, sie stand auf mich! Das durfte nicht wahr sein – Jungflodder fuhr auf mich ab. Obendrein war es mir auch peinlich, dass ich Michaela für ihre Mutter gehalten hatte.

Als die beiden aus der Praxis draußen waren, drehte ich in Windeseile den Schlüssel um, Schluss für heute!

Babs drehte sich zu mir um: »Irgendwie fehlt dir die Farbe im Gesicht, magst auch einen Prosecco?«

»Ja, gerne, und eine Zigarette.« Ich musste mich kurz fangen.

Als Babs mit den Proseccos in der Hand zurückkam, saß ich bereits auf der Terrasse an meine Zigarette geklammert.

»Ob du es glaubst oder nicht, die haben auch noch einen Hund, den sollen wir uns auch anschauen. Er hat irgendwelche Probleme mit dem Schwanz und geimpft muss er auch werden und … Nein, trink erst mal, das wirst du brauchen, bevor ich dir den Rest erzähl – Sag, ist was? Du schaust so komisch.« Babs drückte mir das Glas in die Hand und setzte sich neben mich.

Ich nahm einen großen Schluck, zog noch einmal an meiner Zigarette und erzählte ihr die Geschichte, die ihr ja entgangen war. Babs konnte sich nicht halten vor Lachen.

»Bravo, rein bis zum Hals ins Fettnäpfchen. Na, ist nicht wahr?« Sie konnte vor lauter Gekicher gar nicht weiterreden.

Ich war bereits beim zweiten Glas und konnte auch nicht mehr anders, als mich zu zerkugeln. Es dauerte eine Zeit, bis wir uns beruhigten, aber es war ja auch zu komisch.

»Du, wegen des Hundes, der scheint sehr schwierig zu sein, weil die Michaela mich bat, dass sie vor Ende der Sprechstunde kommen kann, und sie wird vorher noch anrufen, dass keiner mehr hier ist. Scheint auch ein Spaß der besonderen Art zu werden«, eröffnete mir Babs.

»Na toll, das auch noch, nimmt das überhaupt kein Ende mit denen? Wie groß ist denn das Teil?«, fragte ich.

»Ist ein Staff«, erwiderte sie.

Na, zu viel versprochen? Es gibt Menschen, die strapazieren gewisse Klischees bis zum Abwinken.

Tags darauf war es dann auch gleich so weit. Kurz vor Sprechstundenende klingelte das Telefon.

»Geht's?«, hechelte Michaela ins Telefon.

»Wir versorgen gerade den letzten Patienten, fünfzehn Minuten wird's wohl noch dauern«, sagte ich nur knapp und legte gleich wieder auf. Ich ging schnellen Schrittes zurück in den Behandlungsraum; dort wartete eine ziemlich ungehaltene Katze auf ihren steifen Verband – das arme Tier hatte sich das Bein gebrochen. In solchen Fällen hatte ich Verständnis für die Laune.

»Wer war's, was gibt's?«, fragte Babs.

Ich sagte gar nichts, sondern warf ihr nur einen Blick zu. Wie ich aus ihrer ebenfalls nonverbalen Reaktion entnahm, verstand sie mich.

Die Katze war noch nicht einmal auf den Stufen vor der Praxis angelangt, da hörten wir schon ein ohrenbetäubendes, aggressives Gebell.

»Nein, das darf ja net wahr sein, welch wunderbarer Abschluss wird das heute«, stöhnte Babs.

»Komm, lass uns eine rauchen gehen, bevor wir uns in das Vergnügen stürzen.« Ich zog Babs am Ärmel hinaus in den Garten.

Wir versuchten, uns – bereits bei Zigarette zwei angekommen – mental darauf vorzubereiten, was da jetzt auf uns zukommen würde. Im Nachhinein kann man nur sagen, auf manches kann man sich nicht vorbereiten. Schon als wir im Garten ankamen, waren Michaela und ihr *Süßer* lautstark zu hören. Akustisch machte es den Eindruck, als hätten wir die längste Zeit einen Warteraum gehabt.

»Nutzt ja nichts, wir müssen da jetzt rein«, hörte ich mich wenig motiviert zu Babs sagen. Babs stöhnte auch bereits.

»Ich leg dem keinen Beißkorb an, das sollen die gefälligst selber machen«, kommentierte ich weiter auf dem Gang zum Wartezimmer, gespannt darauf, ob es überhaupt noch da war.

Im oberen Stock drehte auch Babs' eigener Hund am Rad. Tyson, so hieß er, auch kein Kind von Traurigkeit, gefiel das Treiben in der unteren Etage anscheinend gar nicht. Ich kam mir vor wie im Tollhaus, aber das war nur eine Einstimmung auf das, was uns erwartete. Mit der Maulpfeife in der Hand, so nannten wir unsere speziellen Beißkörbe, betrat ich das Wartezimmer. Klugerweise tat ich das über den hinteren Zugang. Bei dem kommt man hinter dem Tresen heraus und steht nicht mitten im Raum wie bei der Türe des Behandlungszimmers.

Ich wollte Michaela gerade die Maulpfeife rüberreichen, als Kira, so hieß das Staff-Teil, auf den Tresen zufuhr und hochsprang. Mir rutscht ja eher selten das Herz in die Hose, aber Kira war wirklich selten aggressiv. Ihr Blick sagte: »Komm mir zu nahe und ich mach dich kalt.«

Ich schmiss den Beißkorb über den Tresen. »Leg ihr den an, aber zieh ihn anständig zu«, rief ich dabei und machte mich sofort auf den Weg ins Behandlungszimmer.

»Und?«, fragte Babs.

»Mein lieber Schwan, ich hab keine Ahnung, wie wir dieses Vieh bändigen und behandeln sollen.«

Bevor ich die Türe öffnete, überlegte ich kurz, wo ich mich strategisch günstig hinstellen sollte. Denn einen Frontalzusammenstoß wollte ich unbedingt vermeiden. Ich positionierte mich so, dass ich, wenn sich die Türe öffnete, hinter ihr verschwand.

Kira schoss in das Behandlungszimmer hinein, mit lautstarkem Gebell wie eine Geistesgestörte.

»Setzt sie auf den Behandlungstisch und fixiert den Kopf«, sagte Babs recht unwirsch.

Die Routineuntersuchungen – wie zum Beispiel Abhören – waren sinnlos, da der Hund so aufgedreht war, dass man nichts hören konnte. Also lautete das Motto: Ran an den Schwanz.

Dazu muss man mit der Hand direkt bei den Hinterbeinen unter dem Hund durch. So kann man verhindern, dass dieser sich niedersetzt, und gleichzeitig dient es dazu, seine Bewegungsfreiheit einzuschränken. Auch steht dadurch jemand zwischen den scharfen Beißerchen und dem Tierarzt. In solchen Momenten *liebe* ich den Job.

»Halt mir mal den Schwanz ruhig«, bat mich Barbara, wohl wissend, dass ich schon genug zu kämpfen hatte. Aber sie kannte mich gut genug und wusste, dass ich das noch schaffen würde. In solchen Situationen hielten wir immer zusammen wie Pech und Schwefel und gingen ausnehmend ruhig und höflich miteinander um.

Kaum hatte ich den Schwanz fixiert, fuhren die achtunddreißig Kilo geballte Muskelkraft wieder vor. Kira biss Michaela ins Kinn, die lockerte natürlich ihrerseits den Griff und die Staff-Dame fuhr auf mich los. Gottlob war Silvia auch mit im Zimmer und zerrte an Kiras Leine, sodass diese mich, wenn auch nur um ein Haar, verfehlte.

Barbara rissen die Nerven, sie schlug mit der Hand so stark auf den Behandlungstisch, dass diese noch Tage danach blau-violett war, und schrie: »Raus, in den Warteraum!«

Silvia dampfte sofort mit Kira ab in den Nebenraum. »Aber sie meint es ja nicht bös', sie ist eine wirklich Liebe und Verschmuste«, warf Michaela noch ein, bevor auch sie verschwand und die Türe schloss.

»Aus, Ende! Wir nieten sie um!« Was so viel hieß, dass wir sie in Narkose legen würden, um sie untersuchen und behandeln zu können. Eine Lösung, die wir eigentlich vermieden, denn jede Narkose belastet natürlich das Herz-Kreislauf-System. »Anders wird es nicht gehen«, ergänzte Babs. »Aber das machst du bitte, ich muss jetzt mal meine Hand kühlen.«

Zwar hatte ich dafür Verständnis, aber Freude empfand ich nicht gerade. Ich nahm mir die Liste zur Hand, um den Cocktail zu mischen. Lieber für vierzig Kilo, entschied ich. Bewaffnet mit der Spritze und einem großen Handtuch wagte ich mich nach draußen. Im selben Moment, als ich die Türe öffnete, warf ich das Handtuch über Kira, dann setzte ich mich – die Spritze zwischen den Zähnen – schnell auf sie und zog meine Beine ganz eng an den Hundekörper, um ihr die Spritze in den Schenkel zu stechen.

»Klopft an die Türe, wenn sie schläft. Aber so aus dem Häuschen, wie die ist, wird das etwas dauern«, sagte ich zu Michaela und Silvia, als ich fertig war.

Manchmal bewundere ich selbst mein Timing. Fast zeitgleich erhob ich mich von dem Hund und öffnete die Türe zum Behandlungsraum. Silvia warf mir wieder einen ihrer schmachtenden Blicke zu, als würde ich nicht schon genug haben für den Tag. Durch das Fenster im Behandlungsraum sah ich, dass Babs qualmend im Garten stand, und ging raus zu ihr.

»Da wirst du zum Kettenraucher.«

Sie hielt mir das Zigarettenpäckchen entgegen. »Für wie viel Kilo hast denn aufgezogen?«, fragte sie.

»Vierzig, sicher ist sicher, nur ist die so aus dem Häuschen, dass sie trotzdem eine Zeit brauchen wird, bis Ruhe einkehrt«, entgegnete ich.

»Gute Entscheidung, hätte ich auch nicht anders gemacht. Aber ich weiß ja, dass ich dir bei so etwas vertrauen kann.«

Direktes Lob von Barbara tat auch einmal gut. Zwei Zigaretten später beschloss ich, alles herzurichten, was wir eventuell brauchen könnten: Venenzugang, noch eine Spritze mit Narkosemittel, eine mit Antibiotika und Schmerzmittel. Auf die »Aufwachspritze« verzichtete ich, denn es reichte, wenn die Hündin im Auto oder erst zu Hause wieder wach werden würde. Im Normalfall handhaben wir das nicht so, aber in diesem war es die beste Lösung für uns alle.

Kira lag am Tisch und wir konnten in Ruhe den Schwanz untersuchen. Babs und ich blickten im selben Augenblick hoch und sagten fast synchron: »Das ist ein glatter Schnitt.« Wir sehen ja Tag für Tag die verschiedensten Verletzungen und da konnte uns niemand ein X für ein U vormachen. Der Schwanz war fast ganz durchtrennt.

»Den können wir nur mehr amputieren, oder?«

»Der Knorpel ist fast durch, so eine Sauerei. Möchte wissen, was da wirklich passiert ist. Wir müssen operieren. Den hat eindeutig wer versucht abzuschneiden.« Babs war jetzt richtig zornig.

Also trugen wir Kira rüber in den OP. Operationsbesteck war wie immer fertig und lag bereit. Es waren noch einige Vorbereitungen zu treffen und dann ging es los.

Wieder einmal werde ich nicht vor 22 Uhr zu Hause sein, dachte ich noch, während ich mich steril machte.

Als OP-Team waren wir wirklich unschlagbar, es lief alles wie am Schnürchen. Nach der letzten Naht meinte Babs nur: »Machst du sie fertig? Ich geh mal raus und rede mit denen.«

Ich machte mich an die Arbeit: noch einmal reinigen, desinfizieren, Salbenspray, einen Verband konstruieren, den sie nicht wieder abbekommen würde, und noch das Spritzerl mit Antibiotika und Schmerzmittel verabreichen. Jetzt konnte sie vom Tisch.

Nachdem der OP im hinteren Teil der Praxis lag, konnte ich nicht verstehen, was geredet wurde, aber Babs wurde mit Recht sehr laut. Als die Stimmen verstummten, trug ich Kira hinaus und legte sie in Silvias Arme. Keiner sagte mehr etwas und die beiden hatten auch die Köpfe gesenkt.

»Übermorgen Wundkontrolle, Reinigung und Verbandswechsel«, das war alles, was ich noch von mir gab. Ich schloss hinter ihnen die Praxis ab und ging zurück in den OP, um alles sauber zu machen. Babs hatte sich in der Zwischenzeit geduscht und kam mit zwei Gläsern Erdbeerbowle zurück. Ich war auch so weit fertig und folgte ihr auf die Terrasse. Babsi begann mir zu erzählen, wie es zu der Verletzung gekommen war.

»Die hat auch noch einen depperten Sohn, der immer wieder psychiatrisiert wird. Echt kein Wunder bei der Familie, oder? Der hat einen eigenen kleinen Hund, den die Kira anscheinend nicht mag, und deshalb muss sie immer im Zimmer bleiben. Den Rest kannst du dir ja denken.«

»Ach du Schande, kein Wunder, dass die so ist. Ist wie verhext, ausgerechnet einen Staff muss so ein Schicksal treffen. Damit sind wieder alle Klischees und Vorurteile erfüllt.«

»Würde es dir etwas ausmachen, wenn du die Wundreinigungen und den Verbandswechsel machst und ich fixiere sie dir? Du hast da echt mehr Geduld als ich«, fragte mich Barbara mit freundschaftlichem Ton.

»Gegen noch ein Glas leckerer Bowle mach ich das.«

Endlich konnten wir wieder lachen und den anstrengenden, nervenaufreibenden Tag entspannt ausklingen lassen.

8

Geschichten rund ums Federvieh

Manchmal könnte man glatt vergessen, dass wir mitten in einer Großstadt wohnen. Okay, mitten ist nicht ganz korrekt, da wir den äußeren Bezirken angehören, aber wir sind in Wien und somit unbestreitbar in einer Großstadt.

Unsere Siedlung besteht aus sogenannten Werkbundhäusern und jedes Haus hat auch einen Garten. In einem dieser Gärten beherbergt eine Familie sogar Ziegen. Das ist für uns immer eine kleine Herausforderung, wenn wir gerufen werden. Es bedarf im Vorfeld eines Hausbesuches unsererseits einer schnellen, aber akribischen Recherche. Denn die Wehwehchen von Ziegen gehören nicht gerade zum täglich Brot einer städtischen Kleintierpraxis, sorgen aber immer für eine schöne Abwechslung.

In manchen dieser Gärten verbergen sich sogar Minibauernhöfe. Hier trifft man unter anderem auf eine freundliche Dame mittleren Alters, die in ihrem Gärtchen vier kleine Hunde (Anzahl: Tendenz steigend), zwei Katzen, drei Schildkröten, unzählige Meerschweinchen und Karnickel hält. Dazu kommt eine Voliere mit diversen Vögeln und last, but not least eine Laufentenbrigade, die jährlich wächst. Auf welche Zahl diese Gruppe von Laufenten anwachsen wird, hängt von Heidi Klum ab. Ja, richtig gelesen, von Frau Klum. Denn jede dieser Enten trägt den Namen einer der jährlichen Gewinnerinnen von *Germany's Next Topmodel*. Barbara ist meine erklärte Lieblingsente; ich besuche sie regelmäßig und sie bekommt von mir immer kleine Extraleckereien. Allerdings gibt es keine Ente namens Heidi. Möglicherweise darf Heidi keine Ente sein, denn sie ist ja quasi so etwas wie die Gans unter den vielen Entlein, oder so. Irgendwann muss ich das mal hinterfragen, warum es keine Heidi gibt, und wenn es eine gäbe, welche Spezies sie dann wäre.

Man müsste es nicht extra erwähnen, aber aufgrund der Vielzahl an Getier aller Art gehört besagte Dame natürlich zu unseren Stammkunden in der Tierarztpraxis.

Apropos Laufenten – diese Geschichte spielte sich im Frühsommer nach meinem vierzigsten Geburtstag ab. Dazu wäre noch zu erwähnen, dass dieser Geburtstag für mich der absolute mentale Hammer war. Ich kann auch nicht sagen warum. Vielleicht, weil die Dreißiger so toll waren, oder man stolpert in den Vierzigern so richtig ins Älterwerden hinein, ich weiß es nicht. Ich weiß nur, dass ich mich nach wie vor noch nicht richtig gefangen habe, was aber echt Zeit wird, denn das nächste Jahrzehnt sitzt mir bereits im Nacken. Die Zeit scheint jetzt schneller zu vergehen mit jedem Jahr. Na ja, auch das Universum expandiert schneller, je älter es wird, laut letzten Erkenntnissen. Sei es, wie es sei, das wäre ein anderes Buch. Zurück zu besagtem Frühsommer.

Genau genommen erst mal in den Februar davor, wie gesagt mein vierzigster Geburtstag. Da ich einen ausnehmend lieben Mann habe, der natürlich um meinen mentalen Zustand wusste, wollte er mir ein ganz besonderes Geschenk machen, damit ich mich etwas besser fühle. Ist ihm auch gelungen. Es gibt in Schottland ein Naturschutzprojekt. Da erwirbt man mit dem Kauf eines Stück Landes eine Art von Adelstitel. Dieser wird hochoffiziell eingetragen, man darf sich ein eigenes Wappen zulegen und in meinem Fall wird er nach meinem Ableben an meine Tochter weitervererbt. Da haben wir es wieder, es rückt näher, wenn man sich bereits Gedanken über die Erbfolge macht. Egal, seit diesem Tag darf ich mich »Lady Karin of Glencrennog« nennen. Ernst entwarf mir auch ein Wappen, das er sofort eintragen ließ. Dieses bekam ich noch dazu auf ein Holzschild gemalt und Visitenkarten mit Wappen und Titel – ich habe sogar ein eigenes Schottenkaromuster. Über dieses Geschenk freue ich mich noch heute.

Aber jetzt wirklich zum Frühsommer. Jedes Jahr aufs Neue haben wir eine Nacktschneckenplage der Sonderklasse. Wir beschlossen, den natürlichen Feind einzusetzen, die Laufente. Ernst und ich haben uns so richtig ins Zeug gelegt bei dem Projekt, das da hieß: ökologische Schädlingsbekämpfung. Ernst baute im hinteren Teil unseres Gartens einen Entenstall, der den künftigen Bewohnern in der Nacht Schutz vor Füchsen und Mardern, die sich bei uns ja herumtreiben, bieten sollte. Wir legten einen kleinen Schwimmteich für das Federvieh an, den ich liebevoll bepflanzte, um eine natürliche, artgerechte Umgebung zu schaffen.

Danach machten wir uns auf die Suche nach einem seriösen Entenzüchter. Mehrere Zuchten wurden begutachtet, da wir tolle, hübsche Exemplare unser Eigen nennen wollten. In Niederösterreich wurden wir schließlich fündig und kauften zwei wunderschöne Erpel. Der eine schokobraun mit einem weißen Federring um den Hals und der andere in drei verschiedenen Brauntönen gefleckt. Dieses Federkleid hatten sie erst seit ein paar Tagen, die zwei jungen Prachtkerle. Natürlich mussten die beiden auch klingende Namen bekommen, immerhin waren sie jetzt die Enten *Eurer Ladyschaft*, so wäre nämlich die korrekte Anrede für mich seit jenem Februar. Getauft wurden die herrschaftlichen Erpel auf Chester und Frederic. Ich war verliebt in meine Jungs und zeigte ihnen gleich die Benutzung des Schwimmteichs.

Da Ernst und ich ab Mai, wenn es das Wetter zulässt, draußen frühstücken, nahmen wir gemeinsam mit Chester und Frederic das Frühstück ein. Sie entpuppten sich als richtige Gourmets. Das war dann auch das Schicksal unseres Gartens. Die beiden bevorzugten Rosen, Hortensien und auch sonst alles, was ich seit Jahren mühevoll großzog. Am Abend durfte ich dann noch so Sachen wie Reis mit Mais für meine Jungs kochen. Wenn sie sich danach zufrieden quakend in ihrem Stall zur Ruhe betteten, ging ich auf Nacktschneckenjagd. Am Ende des Sommers war unser einst prachtvoller Garten nur mehr ein kahles, trostloses Stück Land.

»Was nun?«, fragten wir uns verzweifelt.

Wir riefen den Züchter an, schilderten unsere Lage und erhofften uns Rat, da wir nur das Beste für Chester und Frederic wollten, denn egal, was sie unserem Garten auch angetan hatten, wir liebten unsere Erpel. Der Züchter meinte, er habe kein Problem damit, die Jungs wieder zu sich zu nehmen, und sei sogar froh, dass wir nicht nach einer anderen Art der Problemlösung suchten.

Am Samstag darauf war es dann so weit, der Züchter kam. Ein Blick auf unser Hier-wächst-nichts-mehr-Land kostete ihn nur ein wissendes Lächeln.

»Sie haben den beiden ein Paradies geschaffen«, strahlte er, »und wie die Jungs aussehen, prächtig genährt, tolles Federkleid. Das sind jetzt die perfektesten Zuchterpel, die ich je hatte.«

Schön, dass wir ihn glücklich gemacht hatten. Eigentlich sollte er uns fürstlich entlohnen für die Aufzucht dieser Prachterpel. Aber egal, Hauptsache, die beiden hatten es auch zukünftig gut.

Der Abschied fiel uns dann aber doch sehr schwer. Ich heulte und küsste sie noch gefühlte dreitausend Mal, die beiden schnatterten auch etwas wie: »Wir wollen bei euch bleiben und uns besser benehmen.« Es brach mir das Herz, auch Ernst war nicht ungerührt.

Am Nachmittag dieses traurigen Tages standen wir nun in unserem Gartenelend. Die Stille war bedrückend, kein Geschnattere, kein Gequake, niemand tollte spritzend im Schwimmteich herum.

Es gab nur eines, um nicht in Depression zu verfallen, ab in die nächste Großgärtnerei. Dort ging es nicht um Kleinigkeiten, denn die Parole hieß: komplette Wiederaufforstung. Es dauerte Wochen, bis der Garten wieder in einem Zustand war, dass man bei seiner Betrachtung das Gefühl hatte, im nächsten Frühjahr werde er wieder wunderbar aussehen.

Trotzdem ging mir wochenlang, wenn ich draußen war, das abendliche Gute-Nacht-Sagen ab. Denn Chester und Frederic hatten immer zurückgequakt, wenn ich ihnen das wünschte. Heute erinnert noch der alte Stall an die beiden, der kam dann zu einem neuen Untermieter: Er beherbergt jetzt unseren Rasenmäher.

Mittlerweile hatte ich mich nebenher mehr als ausgiebig mit Tierhomöopathie auseinandergesetzt und begann, dieses Wissen auch unseren Patienten anzubieten. Das hat sich gelohnt, denn der Erfolg gibt mir recht.

Einer meiner Patienten war ein, wie es schien, heiß und innig geliebtes Huhn mit dem Namen Popperle. Auch Popperle und seine Besitzerin wohnten bei uns in der Siedlung. Wann immer dieses Huhn was hatte, wurde ich gerufen. Denn Popperle durfte nur homöopathisch behandelt werden. Seine Besitzerin war eine bereits sehr betagte Dame, sie schleppte das Huhn immer mit sich herum, und wenn sie wo saß, war Popperle auf ihrem Schoß. Das Huhn blieb auch artig auf ihrem Schoß sitzen und genoss sichtlich die Streicheleinheiten, bei genauer Betrachtung waren es eigentlich mehr sanfte Massagen.

Huhn müsste man sein, dachte ich so bei mir. Irgendwie fand ich die beiden entzückend.

Popperle fehlte nie wirklich etwas, aber die alte Frau war immer sehr besorgt um ihr Huhn. Eines Tages, bei einem meiner Rundgänge durch die Siedlung, schaute ich einfach nur so bei ihr vorbei. Einfach um zu sehen, wie es ihr und dem Popperle ginge. Manche Menschen und Tiere wachsen einem mit der Zeit ans Herz, so wie ich auch regelmäßig nach Barbara – der Laufente – schaute.

Als ich den Garten der alten Frau betrat, fiel mir sofort auf, dass sie das Huhn nicht mit sich herumschleppte.

»Wo ist denn das Popperle?«, schoss es im Augenblick aus mir heraus.

»Na gess'n hob is, guat war's«, bekam ich als knappe, lapidare Antwort.

Ich verstand die Welt nicht mehr, denn es hatte für mich nach einträchtiger Liebe zwischen Mensch und Huhn ausgesehen. Was immer das sonst gewesen sein mochte, ich war einfach nur fassungslos. Aber mit einem Mal war mir klar, wozu die Massagen gedient und warum keine Chemie in das Federvieh gedurft hatte.

9

Das geschminkte Kaninchen

Wieder einmal war der Teufel los in der Praxis. Immer im Frühsommer, wenn das Wetter häufiger wechselt, gibt es Magen-Darm-Beschwerden aller Art und bei allen Gattungen. Intern heißt ein solcher Tag Spei-Scheiß-Tag.

Nun ja, ich hatte mich bereits zum dritten Mal umgezogen und ein Ende war nicht in Sicht. Kaum war ein Patient versorgt, saßen bereits zwei weitere im Warteraum. Gegen Ende der Sprechstunde, die Termine hatten sich bereits um zwei Stunden nach hinten verschoben, betrat eine Frau mit ihren drei Kindern und einem Korb in der Hand die Praxis. Die Kinder vom Alter her gestaffelt wie die Orgelpfeifen – drei, fünf und sieben Jahre alt.

»Flöckchen ist krank.« Das kleine Mädchen klang traurig.

»Es frisst nichts mehr, obwohl es eh so dick ist«, ergänzte die Mutter.

»Seit wann frisst es nicht mehr, hat es Stuhl?«, fragte ich geschätzt das dreihundertachtundzwanzigste Mal an diesem Tag.

»Hihi, die hat gefragt, ob es Kacksi macht«, kicherte das mittlere der Kinder.

»Ja, das weiß ich doch nicht, wir halten die draußen und haben fünf davon«, entfuhr es der Mutter in einem Ton, dass man glauben konnte, ich wollte etwas schier Unmögliches von ihr wissen.

Ich war bereits zu müde, um die übliche Ansprache zu halten, deshalb bat ich sie lediglich um ihre Telefonnummer und erklärte, dass ich Flöckchen an mich nehmen werde und wir sie – sobald Zeit sei – untersuchen würden. Ich würde mich dann sofort bei ihr melden. Drei tobende, ungeduldige Kinder wollte ich jetzt nicht noch eine Stunde im Warteraum haben.

Flöckchen musste gar nicht mehr so lange warten, die drei Patienten vor ihr waren schneller durch als erwartet. Das Kaninchen hatte seinen Namen zu Recht. Als ich den Korb öffnete, schaute mich ein schneeweißes, langhaariges Kaninchen an. Ich hob es heraus und dabei beschlich mich bereits eine nicht so gute Vorahnung. Das arme Tier war komplett aufgegast, der Bauch fühlte sich an wie ein Luftballon, der jederzeit platzen konnte.

»Immer dasselbe! Dass die Leut' nicht fähig sind, einmal am Tag nach ihren Tieren zu sehen, sie in die Hand zu nehmen und sie auf Veränderungen zu untersuchen.« Babsis Laune war ohnehin schon im Keller. »Und wahrscheinlich hat auch wieder keiner gewusst, seit wann das Tier die Beschwerden hat und ob es überhaupt noch scheißt!« Ihr Ton wurde immer wütender und lauter.

»So ist es«, gab ich kurz zurück. Ich kannte Babs gut genug, um zu wissen, wann es besser ist, nicht mehr viel zu sagen.

Nach einigen Untersuchungen war klar: Das Tier war nicht dazu zu bringen, etwas Nahrung aufzunehmen, und der Darm war auch zum Stillstand gekommen, wer weiß, wie lange schon. Fatal für einen Nager. Mit Müh und Not bekam ich ein paar Milliliter eines Cocktails aus verschiedenen Tropfen in das arme Ding. Vielleicht brachten wir ja auf diesem Weg noch etwas in Gang, obwohl wir nicht viel Hoffnung hatten. Wir warteten ein paar

Minuten, ich massierte Flöckchen sanft den Bauch, doch es geschah nichts.

»Scheiße, Ende im Gelände. Wir können nur reingehen und schauen, ob da noch was zu retten ist«, war die Aussage der Frau Tierärztin.

»Die einzige Möglichkeit, die wir noch haben – denn alles andere war zwecklos –, ist, dass wir operieren. Da wir nicht wissen, wie lange Flöckchen schon in diesem Zustand ist, kann ich Ihnen auch keine Versprechungen machen. Aber das arme Tier hat einen Darmverschluss«, klärte ich die Mutter telefonisch auf und machte ihr auch klar, dass ich jetzt sofort eine Entscheidung brauchte und keine Zeit mehr war, einen Familienrat einzuberufen.

»Mein Gott, was das wieder kosten wird, wie soll ich das meinem Mann beibringen? Ihr Tierärzte nehmt einem ja das Weiße aus den Augen«, kam es jammernd aus dem Hörer.

Die Leier kannte ich bereits zur Genüge und kommentierte sie auch mit keiner Silbe. »Ja oder nein?« Mehr war von mir nicht zu hören.

»Versuchen Sie es halt, wegen der Kinder«, stöhnte die Frau am anderen Ende der Leitung.

»Ich melde mich, sobald ich was sagen kann«, erwiderte ich und legte auf.

Sich nicht um die Tiere scheren und dann maulen, wenn man für sein Tun Geld verlangt. Die Menschen sollten sich vor der Anschaffung eines Haustieres überlegen, dass irgendwann die Möglichkeit einer Erkrankung besteht und es leider keine Krankenkasse für Tiere gibt. Mich bringt so etwas immer auf die Palme. Es blieb mir aber keine Zeit, mich lange zu ärgern, ich hatte eine heikle OP vorzubereiten. In dem Zustand, in dem Flöckchen war, hatte ich Sorge, dass eventuell die Venen kollabieren könnten und dann gar nichts mehr ginge.

Als Flöckchen dann offen vor uns lag und wir den Darm vorsichtig rausgefischt und entwirrt hatten, sahen wir das ganze Ausmaß des Schadens. Vollgestopft mit Unverdaulichem, büschelweise Haare, der Darm teilweise schon perforiert und an vielen Stellen entzündet und eitrig. Die Arme musste schon etliche Zeit gelitten haben, kein Wunder, dass unser Cocktail da nichts mehr ausgerichtet hatte. Wir konnten nichts mehr für das Tier tun.

»Ruf das blöde Frauenzimmer an und sag ihr, dass es das Beste wäre, wenn wir das Tier nicht mehr aufwachen lassen«, zischte Babs zornig. Verständlicherweise, ich war auch fuchsteufelswild, musste mich aber beherrschen, da ich ja dieses Telefonat zu führen hatte.

Das Telefongespräch ergab, außer der Jammerei, ob die OP trotzdem zu bezahlen sei – no na, operiert ist operiert, und dass es in dem Fall letal ausgeht, ist ja wohl nicht unsere Schuld –, dass wir sie einschlafen lassen sollen und sie auch gleich entsorgen mögen.

Dabei platzt mir immer der Kragen, wenn Leute vom Entsorgen sprechen. Das ist ein Lebewesen und hat auch eine Seele. Entsorgen die ihre Großmütter und -väter auch? Warum stellt sich der Mensch immer über andere Lebewesen? Zeigt sich doch immer wieder, dass er übel und grausam ist und oft ohne Mitgefühl.

»Ja, wir lassen es gut sein und sie bleibt auch bei uns.« Mit diesen Worten betrat ich wieder den OP. »Ruhe sanft, du warst ein tolles Kaninchen«, verabschiedete ich Flöckchen, als ihr Babs die Überdosis in die Vene spritzte.

Da Flöckchen in die Tierkörperverwertung ging, machte Babs keine großen Geschichten mehr. Darm zurück, ein paar wenige Stiche und fertig. Das Kaninchen war von der OP natürlich alles andere als schneeweiß. Ich brachte sie in den Nebenraum – ich bin immer dafür, dass frisch Verstorbene eine Zeit abliegen sollen, bevor man sie einkühlt, damit die Seele die Möglichkeit hat, sich vom Körper zu trennen. Babs meint immer nur, ich spinn. Mag sein, aber genau wissen wir es alle nicht, oder?

Barbara meinte, sie habe für heute genug, und verabschiedete sich. Mir blieb noch die Arbeit des Wegräumens und Saubermachens, genug Zeit also für Flöckchens Seele.

Als ich fertig war und Flöckchen gerade einwickeln und rausbringen wollte, läutete das Telefon. Ich hatte noch nicht auf den Anrufbeantworter umgestellt, deshalb hob ich ab.

»Guten Abend. Also, die Kinder wollen unbedingt, dass wir das Kaninchen bei uns im Garten begraben«, flötete es aus dem Gerät. »Ich hol sie also noch ab. Warten Sie bitte noch auf mich und die Kinder.«

»Das geht jetzt so aber nicht. Kommen Sie in einer dreiviertel Stunde«, antwortete ich.

Meine einzigen Gedanken waren: Das geht nicht, die Kinder bekommen den Schock ihres Lebens, wenn sie das Kaninchen so sehen – halb zusammengenäht, über und über mit Blut verschmiert. Das kann einen Schaden fürs Leben bedeuten.

Ich packte Flöckchen auf den Behandlungstisch, schnitt die vier provisorischen Nähte auf und begann, das Tier schön zu schließen. Danach legte ich sie ins Waschbecken und versuchte, sie mit Shampoo wieder sauber zu bekommen, aber da ging nichts.

»Wasserstoff«, sagte ich zu mir.

Anscheinend machte ich in der Hektik genug Lärm, sodass auch Babs wieder runterkam.

»Bitte, was machst du da?«

»Die Kinder wollen sie begraben und kommen in einer halben Stunde das Flöckchen abholen. Die bekommen einen Schock, wenn sie die so sehen«, erklärte ich mich, während ich den Wasserstoff aus dem Lagerraum nebenan holte.

»Du spinnst. Mach, wie du glaubst, aber die Überstunde zahl ich nicht«, sprach Barbara, tippte sich an die Stirn und verschwand wieder.

Zurück am Waschbecken, schrubbelte ich einmal das tote Kaninchen wieder trocken, damit der Wasserstoff besser greifen konnte. Ich brauchte Unmengen von dem Zeug, bis das Tier wieder flöckchenhaft weiß war. Jetzt hieß es noch einmal shampoonieren, damit der strenge Geruch wegging, dann trocken föhnen und frisieren und zu guter Letzt noch eine ordentliche Portion Salbenspray über die Bauchnarbe sprühen, denn der färbt auch dieses Gebiet weiß. Dann wurde eine passende Schachtel mit Heu ausgelegt und Flöckchen darin *schlafen gelegt*. Um die Mitte wickelte ich noch ein kleines Tuch, damit man den kahl geschorenen Bauch mit der Naht nicht sah.

»Perfekt, sie sieht aus, als würde sie schlafen«, sprach ich mir selbst anerkennend zu.

»Flöckchen schläft«, sagte denn auch das kleine Mädchen, als die Familie das Kaninchen wieder in Empfang nahm.

Die Mutter der Kinder sah mich dankbar an, wahrscheinlich hatte sie mit einem schlimmen Anblick gerechnet. Sie diskutierte auch nicht mehr und bezahlte anstandslos.

»Was war denn heute los, dass du erst jetzt kommst? Ich hab schon gekocht, mein Schatz«, waren Ernsts Worte, als ich zur Türe hereinkam.

Ach, der Gute, auf ihn ist immer Verlass. Ich erzählte ihm vom Praxiswahnsinn und die ganze Geschichte von Flöckchen.

»Du bist so ein liebevoller, großherziger Mensch. Ich liebe dich.« Ernst drückte mir einen Kuss auf die Stirn, während er mir das Abendessen aufwärmte.

Schön, dass das wer erkennt und schätzt und mich deswegen nicht nur für schrullig, doof oder sonst was hält.

10

Die Leihmutter

Es gibt Tage, da tut sich einfach gar nichts außer ein paar Futterabholungen und einigen Telefonaten. Diese Anrufe nerven mich aber oft besonders. Patientenhalter versuchen, meist recht wirr, einem den Zustand ihres Tieres zu schildern. Sie lassen sich auch kaum unterbrechen in ihren meist glücklosen Erklärungsversuchen. Daher dauert es immer eine Weile, bis ich zu meiner Standardantwort komme, die wie folgt lautet: »Es tut mir leid, aber Sie müssen sich schon herbemühen, denn Telefondiagnosen stellen wir nicht.« Diese Antwort kommt nie gut an. Sie wird so gut wie immer quittiert mit einem »Genau das wollte ich mir ersparen« oder einem »Wenn ich Zeit hätte, dann hätte ich nicht angerufen« oder Ähnlichem.

»Fad is'«, murmelte ich.

Babs, die keine Gelegenheit ausließ, um mit Gott und der Welt zu telefonieren, empfand das nicht so. Da mir auch ihr nie enden wollendes »Qua-qua« auf die Nerven ging, beschloss ich, im Behandlungsraum alle Kästen wieder einmal auch innen zu putzen, Pülverchen zu ordnen, Medikamente zu schlichten, Ordnung ins Verbandschaos zu bringen, die Spritzenladen nachzufüllen, die dazugehörigen verschieden großen Nadeln zu ordnen, die Desinfektionstupfer, die lieblos durcheinander in einer Glasschale ihr Dasein fristeten, in mehrere militärische Türmchen zu stapeln, und falls dann noch immer Zeit übrig blieb, würde ich auch noch die Handtücher neu einschlichten.

»Weißt du echt nichts Besseres?« Babs schlurfte an mir vorbei. Da sie bereits die nächste Nummer in ihr Handy tippte, war anzunehmen, dass sie keine Antwort erwartete. Ich hörte sie nur mehr die Treppen zu ihrer Wohnung hinauflatschen – denn gehen konnte man das nicht nennen, Eleganz war auf jeden Fall nicht ihr zweiter Vorname. Und weiter ging das Qua-qua-bla-bla-Kicher-Geschwätz.

»Du meine Güte, mit so viel Oberflächlichkeit wäre ich manchmal auch gern gesegnet«, unterhielt ich mich mit mir selbst und schüttelte den Kopf.

Ordnung ist das halbe Leben, hat mal irgendein kluger Kopf gesagt, und man kann sagen, was man will, es stimmt. Bevor ich mich noch auf die Handtücher stürzte, legte ich ein Rauchpäuschen ein.

Das habe ich mir echt verdient, dachte ich so bei mir.

Gesagt, getan. Ich saß im Garten auf der Treppe, über mir der Balkon von Babs' Wohnung. Laut und deutlich konnte man hören, dass sie noch immer am Schnattern war. Ich entschloss mich dazu, mir noch eine Zigarette zu vergönnen, denn immerhin lagen drei Stunden Putzmarathon hinter mir. Kaum hatte ich sie mir angesteckt, läutete das Praxistelefon. Glücklicherweise hatte ich das Mobilteil eingesteckt, weshalb ich nicht extra hineingehen musste.

»Kleintierpraxis, wie kann ich Ihnen helfen? Karin am Apparat«, meldete ich mich mit meinem üblichen Sprüchlein.

»Ich hab was gefunden«, verkündete eine männliche Stimme.

»Ja schön, und was?«

»Es ist klein und rosa«, war die Antwort.

»Was ist es denn, wo haben Sie es gefunden, wie kann ich Ihnen helfen?«, fragte ich nach, in der Hoffnung, vielleicht doch ein paar Details mehr zu erfahren.

»Grad' jetzt auf der Straße, also am Gehsteig, es liegt vor mir.«

Auch diese Antwort brachte uns nicht viel weiter. »Falls neben Ihnen ein Baum steht, sehen Sie mal hoch, ob Sie ein Nest entdecken können«, forderte ich meinen anscheinend nicht so hellen Gesprächspartner auf.

»Ich seh nichts«, war alles, was ich an Auskunft bekam.

»Nach was sieht denn das rosa Teil aus? Bewegt es sich? Atmet es?« Es musste doch möglich sein, irgendetwas zu erfahren.

»Ich studiere Humanmedizin, ich weiß das doch nicht.« Die Stimme am anderen Ende der Leitung wurde unruhig.

»Ob eine Atmung festzustellen ist oder nicht, sollten Sie erkennen können, sonst würde ich Ihnen raten, das Studienfach zu wechseln.« Ich wurde schon langsam ungehalten.

»Wird ein Vogel sein, was mach ich damit?«

»Wenn Sie kein Nest sehen, nehmen Sie ihn mit und fahren Sie nach Schönbrunn. Die können dort feststellen, um welche Gattung es sich handelt und was zu tun ist«, erklärte ich dem angehenden Herrn Doktor und sprach gleichzeitig ein stilles Gebet, dass ich dem nie in seiner zukünftigen Funktion begegnen würde.

Dazu muss man wissen, von uns aus liegt Schönbrunn nicht aus der Welt, mit dem Auto ist es, je nach Verkehr, in fünf bis sieben Minuten zu erreichen.

»Na, aber echt nicht, für so was habe ich keine Zeit. Ich wollte nur ein Leben retten.« Seine Stimme wurde immer aufgeregter.

Herr im Himmel, was manche unter Leben retten verstehen, für den wäre es wirklich gescheiter, er würde so etwas wie Altgriechisch studieren, da könnte er wenigstens keinen Schaden anrichten.

»Würden Sie bitte kommen und den Vogel holen, ich kann ja hier nicht ewig herumstehen«, forderte er mich auf.

»Erstens sind wir keine Aufzuchtstation, zweitens haben wir laufende Sprechstunde, und das bedeutet, ich gehe überhaupt nirgendwohin, und drittens werden Sie wohl in der Lage sein, ein Küken zu transportieren, Herr Doktor«, gab ich resolut und zugegebenermaßen spitz zurück und legte auf.

Es dauerte keine drei Minuten, da kam der junge Mann zur Türe herein und legte mir besagtes rosa Vogerl auf den Tresen.

»Sie sind dran, meinen Teil habe ich erledigt, ich habe ihm das Leben gerettet«, waren seine Worte dazu. Kaum hatte er den Satz beendet, war er auch schon wieder weg. Ich schüttelte nur den Kopf und dachte: Na, wenn bei dem Lebensrettung so ausschaut, wird sich die Bevölkerungsdichte sehr bald lichten. Ob der Verletzte auch nur vor eine Notaufnahme legt und dann wahrhaftig denkt, er wäre ein Lebensretter?

Ich betrachtete das Vogerl näher. Immerhin war ich in der Lage festzustellen, dass es atmete. Gleichzeitig machte ich mich auf den Weg in den Behandlungsraum, denn das kleine, nackte rosa Dings brauchte erst einmal Wärme. Nach erster Betrachtung kam ich zu der Erkenntnis: Das Vogerl ist ein Eichhörnchen und maximal zwei bis drei Stunden alt.

»Babs, Kundschaft«, rief ich lauthals quer durch die Praxis.

Babs polterte in ihrer grazilen Art die Stufen herunter.

»Was sollen wir damit?«, fragte sie nach einem kurzen Blick auf das hilflose Eichhörnchen. »Das hat eh keine Chance und ich bin nicht das Konrad-Lorenz-Wildtier-Institut.«

»Wir können es ja schlecht sich selbst überlassen«, versuchte ich, irgendeinen Lösungsansatz zu fordern.

»Ich kenn mich echt nicht aus und wie gesagt, da haben wir keine Chance. Das ist die natürliche Auslese, vielleicht wusste die Mutter, dass irgendetwas mit dem nicht stimmt.« Sprach's und verschwand wieder.

Das mit der natürlichen Auslese stieß bei mir auf taube Ohren, auch von den medizinisch kompetenten Menschen hatte ich für heute genug. Ich musste etwas versuchen. Mir fiel eine Bekannte ein, die in Schönbrunn für die Wildtiere zuständig war, und ich rief sie an. Auch sie machte mir wenig Hoffnung, gab mir aber das Rezept für eine Mischkulanz, wenn ich es denn unbedingt versuchen wolle. Es war ein Gemisch aus Glucoselösung, Fencheltee und Aufzuchtmilch für Katzen. Ich mischte mir einen Vorrat, packte mein Eichhörnchen warm ein, schloss die Praxis und machte mich raschen Schrittes auf den Weg nach Hause.

»Was schleppst denn da wieder an?« Ernst war neugierig.

»Ein Eichhörnchenbaby, das niemand pflegen möchte«, gab ich zurück.

»Jetzt bist du auch noch Leihmutter?« Ernst klang eher belustigt. Überraschen konnte ich ihn mit solchen Aktionen schon lange nicht mehr.

»Bring mir bitte einen alten Winterpulli von dir«, rief ich zu Saskia in den ersten Stock hoch.

»Für was brauchst du den?«, fragte sie, als sie mit dem alten, ausgeleierten Ding vor mir stand.

»Da, schau!« Ich hielt ihr das kleine Elend entgegen.

»Moi, ist ja süß, das arme Ding. Was wird denn das?«

»Ein Eichhörnchen. Wir müssen einen kleinen Sack aus dem Pulli nähen, damit es warm genug bleibt, und es jede Stunde mit dem Gemisch füttern. Danach unbedingt immer das Bäuchlein reiben, damit es auch mit der Verdauung klappt«, erklärte ich Saskia, die mittlerweile die Tierpflegerschule an der Veterinärmedizinischen Universität besuchte.

»Das machen wir, wir können uns ja abwechseln. Sobald ich aus der Schule daheim bin und du in die Praxis gehst, kann ich das Kleine weiterversorgen.« Ihre Stimme klang wenigstens optimistischer als alle anderen, die ich bis dahin gehört hatte. Ich hatte auch keinen Zweifel daran, dass ich in ihr eine Verbündete hatte.

Saskia nähte den Beutel, ich versorgte unser Baby. Als wir mit allem fertig waren, steckte ich das Eichhörnchen in den Beutel und ließ diesen in meinem Ausschnitt verschwinden. Warm, geschützt durch zwei Airbags und jederzeit einsehbar. Das erschien mir als der geeignete Ort für den Aufzuchtversuch.

Alles lief wie am Schnürchen: Trinken, Bäuchleinreiben, Kacken, Saubermachen. Ernst war es auch schon gewohnt, dass er immer wieder mit Tierbabys das Bett teilen musste. Und auch der Schichtwechsel zwischen Saskia und mir klappte hervorragend. Wenn ich in die Praxis ging, wechselte das Eichhörnchen von einem BH in den anderen.

Wir waren voller Hoffnung, doch am Tag vier hatten wir den Kampf um das kleine, fragile Leben verloren. Saskia und ich waren sehr traurig.

»He, meine beiden Süßen. Ihr habt alles getan, was in eurer Macht stand. Und ihr wart die Einzigen, die ohne mit der Wimper zu zucken getan haben, was zu tun war«, versuchte Ernst, uns Trost zu spenden.

Im Garten hatten wir einen kleinen Hügel angelegt. Auf dem stand aus Holzstöckchen und einem schönen flachen Naturstein ein kleiner Tempel. Das war der Grabhügel von Stitchie, unserer Ratte. Hier hat auch unser kleines Eichhörnchen die letzte Ruhe gefunden.

11

Sowieso

Es war ein Wochenende in einem der selten gewordenen schönen Sommer. Zeit, um mich ausgiebig meinem eigenen Getier und dem Garten widmen zu können. Die Kinder waren an diesem Wochenende in alle Himmelsrichtungen verstreut. Ernst und ich genossen unser Frühstück im Garten und gönnten uns die Zeit, um wieder einmal so richtig über alles Wichtige und Unwichtige zu plaudern. Die Hunde tollten ausgelassen um uns herum, sie sind immer froh, wenn Herrchen und Frauchen zeitgleich zu Hause sind.

Zwischendurch unterbrach ich das Gespräch und konzentrierte mich auf ein Geräusch, das ich zu hören glaubte.

»Was ist denn los?« Ernst kann es nicht leiden, wenn er in so raren Momenten nicht die volle Aufmerksamkeit genießt.

»Hörst du nichts?«

»Nein.« Und er setzte seinen Redefluss wieder in Gang, ohne auch nur einen Versuch zu unternehmen, vielleicht auch etwas wahrzunehmen. Wir setzten unser Gespräch fort, allerdings war ich mit einem Ohr immer noch bei dem Geräuschortungsversuch.

Plötzlich fing Lieserl an zu bellen. Es war so ein Lassie-Manier-Gebell, dessen Inhalt wohl die Bedeutung hatte, dass da etwas war, was nicht hierhergehörte.

»Siehst du, da ist was«, freute ich mich, doch recht gehabt zu haben.

Vorsichtigen Schrittes näherte ich mich dem Stück Wiese, das Lieserl als Fundort anzeigte. Vorsichtig, weil ich einerseits auf nichts drauftreten mochte und es anderseits, was es auch immer war, nicht erschrecken wollte. Außerdem musste ich unbedingt genügend Abstand und eine schnelle Rückzugsmöglichkeit haben, falls unserem Nachbarn, der nur zwei Gärten weiter wohnte, wieder eine Schlange ausgebüxt war.

Tierlieb hin oder her, aber es gibt da so ein paar Gesellen, vor denen ich eine Heidenangst habe. Schlangen und Spinnen nehmen in diesem Ranking unangefochten Platz eins ein. Generell hab ich es nicht so mit Reptilien und Amphibien. An Frösche habe ich mich schon gewöhnt, immerhin hatten wir die als Mitbewohner, dank meiner Tochter, die sich eines Tages in Baumhöhlenkrötenlaubfrösche (so heißen die tatsächlich) verschaut hatte. Ja, das gibt es, obwohl es so viel Widersprüchliches im Namen hat. Hübsch anzusehen, da sie wirklich eine schöne Farbgebung haben, aber näheren Kontakt brauchte ich auch nicht wirklich. Auch Curtis, ihr Leopardgecko, war sehr hübsch vom Gesicht her und hatte auch eine nette Art, aber auf näheres Kennenlernen war ich dennoch nicht sonderlich scharf. Und wann auch immer ich eine Erdkröte bei der Gartenarbeit treffe, bekomme ich zugegebenermaßen etwas Hysterisches: Irgendwer muss mich dann sofort retten und die Kröte aus unserem Garten verbannen. In der Praxis behandelte ich Schildkröten also nur unter Todesverachtung, größere Leguane und Ähnliches nur mit stark erhöhter Herzfrequenz, und über alles andere brauchte man mit mir gar nicht erst zu diskutieren. Babs akzeptierte das, und wir hatten die Abmachung, dass ich die Praxis verließ, sobald sich eine Schlange in den Räumlichkeiten befand.

Wie schon gesagt, ich näherte mich dem Fleckchen Wiese, gab Lieserl noch das Kommando »Zurück!« und machte mich lang, um zu sehen, was da war.

»Es ist ein Vogelküken«, rief ich schließlich Ernst zu.

Nachdem ich eine Weile Wache gestanden und vergebens Ausschau nach der Mutter gehalten hatte, bat ich Ernst, einen Vogelkäfig zu holen. Es gab ja praktisch jede Art von Käfig in unserem Keller.

»Bist du schon wieder Leihmutter? Dass dich die Viecherln immer finden«, sagte Ernst lächelnd im Vorbeigehen.

Ja, manchmal kam ich mir auch vor wie Schneewittchen im Wald, der alle Tiere zulaufen.

»Was ist es denn für einer?« Ernst war jetzt auch neugierig geworden, hatte er doch eine Schwäche für Vögel.

»Da ich kein Ornithologe bin, kann ich nur eine Vermutung anstellen, aber mir schaut es aus wie ein Specht.« Vorsichtig hob ich den kleinen Piepmatz auf und verfrachtete ihn in den Käfig. Da ich nicht wusste, ob ich richtig lag mit der Bestimmung der Art, und schon gar nicht, ob Bub oder Mädl, taufte ich ihn auf den Namen Sowieso.

»Ich denke, wir lassen ihn hier am Fundort stehen, falls ihn seine Mama doch noch sucht.«

»Gute Idee, ich hol mal Wasser und Futter«, meinte Ernst.

Ich deckte den Käfig mit ein paar größeren Blättern ab, damit dem Kleinen die Sonne nicht so auf sein Köpfchen heizte. Wir behielten den Käfig den ganzen Tag im Auge, aber es kam niemand, der Sowieso vermisste.

Abends beschlossen wir, ihn mit hineinzunehmen, denn er kam uns schutzlos und einsam vor. Wir leisteten ihm Gesellschaft, plauderten auf ihn ein und er durfte auch mit uns das Abendprogramm im Fernsehen verfolgen.

Am nächsten Morgen richtete ich wieder im Garten unser Frühstück. Ernst kam mit dem Käfig in der Hand nach draußen und platzierte ihn wieder auf der Fundstelle.

Als wir mit dem Frühstück fertig waren, holte ich für Sowieso frisches Wasser. Im selben Augenblick, als ich den Käfig öffnete, flog – überraschend von schräg oben hinten kommend und mit lautem, unwirschem Geschrei – die Vogelmutter einen Angriff auf mich.

»Du blöde Kuh«, rief ich ihr im selben Ton zu und wehrte ihren Angriff auf meinen Kopf ab. »Selber nicht aufpassen, das eigene Kind verlieren und dann noch vierundzwanzig Stunden nicht einmal suchen, aber jetzt mir blöd kommen. Ohne mich wäre er vielleicht schon tot.«

Mir war klar, dass eine Diskussion mit einer aufgebrachten Spechtmutter nichts brachte, wollte es aber gesagt haben. Sie saß auf dem untersten Ast unserer prächtigen, alten Tanne und pfiff aufgebracht auf mich herunter.

Ich holte Sowieso aus dem Käfig, hielt ihn auf Augenhöhe und flüsterte ihm zu: »Falls sie dir auch mal so blöd kommt oder du etwas brauchst, du bist hier jederzeit willkommen. Wär' schön, wenn du dich mal anschauen ließest, damit wir sehen, was aus dir geworden ist. Mach's gut.«

Ich setzte ihn in der Wiese ab und Ernst und ich zogen uns ins Haus zurück, damit sich die Frau Mama endlich beruhigen konnte.

»Narrische Gurk'n, der hast du aber richtig die Meinung gesagt«, witzelte Ernst beim Hineingehen.

Eine Stunde später wollten wir nach dem Rechten sehen. Sie waren verschwunden.

Zwei Monate später. Der Herbst war bereits ins Land gezogen und es braute sich ein Unwetter zusammen. Der Himmel war tiefgrau, ein Sturm zog auf, es donnerte lautstark und es begann zu schütten. Ich wollte gerade die Terrassentüre schließen, als mit einem Höllenzahn etwas an mir vorbeiflog. Aus der Küche kam ein aufgeregtes Piepsen. Auf einem der Küchenkästen saß ein schwer atmender Vogel.

»Sowieso?« Fragend blickte ich zu ihm hinauf.

Er antwortete, es lag irgendetwas Vertrautes in der Luft.

Kein Zweifel, er war es. Ich freute mich, dass er sich an uns erinnerte und genau wusste, wo er Zuflucht finden konnte. Es gibt nichts Schöneres, als das Vertrauen eines Tieres zu haben. Offensichtlich war ihm sein erstes arges Unwetter nicht geheuer. Ich versicherte ihm, dass er bleiben könne, solange er wolle, und dass er sich im Haus frei bewegen durfte.

»Sowieso ist wieder da, ein prächtiger junger Specht ist aus ihm geworden. Aber dieses Wetter ist ihm anscheinend zu viel«, sagte ich bereits auf den Treppen zu Ernst, als ich ihn zu mir in die Küche holte.

»Na, is' net wahr?« Ungläubig kam mir Ernst entgegen.

»Da!« Ich deutete in die Küche.

Sowieso zwitscherte irgendetwas in Ernsts Richtung, der sich auch freute, den kleinen Kerl wiederzusehen. Der Kleine übernachtete bei uns im Wohnzimmer, nahm noch gemeinsam mit uns das Frühstück ein, und nach einem Blick zum Küchenfenster hinaus war klar, dass es ein wunderschöner Herbsttag werden würde. Sowieso verabschiedete sich und flog in Richtung unserer Tanne.

Von Zeit zu Zeit kommt er noch immer, nimmt auf unserer Tanne Platz, und sobald er einen von uns erblickt, flattert und zwitschert er herum. Es ist uns jedes Mal eine Freude, wenn er uns besucht.

Seit unserer Begegnung mit Sowieso gibt es im Garten mehrere sehr dekorative Futterstationen – für Piepmätze aller Art – und auch einen großen ausgehöhlten Stein, den sie als Trink- und Badeanstalt benutzen können. Alles wird mehr als gut frequentiert, und uns bereitet es Freude zu sehen, welche Artenvielfalt in unserer Region beheimatet ist.

12

Babs als Model

Ein Tag ohne große Ereignisse neigte sich langsam dem Ende zu. Bis auf das Übliche, wie Impfungen, verdorbene Mägen und verstopfte Analdrüsen, war nichts Nennenswertes los.

Babs plapperte ohne Punkt und Komma auf mich ein. Zugegeben, ich hatte auf Durchzug geschaltet und gab in regelmäßigen Abständen so etwas wie ein »Ehh«, ein »Wie du meinst« oder manchmal sogar ein »Aha« von mir, ohne zu hören, um was es eigentlich ging.

Zu erwähnen wäre, dass Babs einen unbändigen Selbstdarstellungsdrang besitzt, der nur von ihrer Panik vor dem – optischen – Älterwerden, getoppt wird. Botox gehört für sie zu den wichtigsten Errungenschaften der modernen Menschheit. Diesmal überlegte sie, wie sie ihre exhibitionistische Ader befriedigen könnte.

»Weißt was, wir machen einen Kalender!«

»Wie du meinst«, war scheinbar eine passende Antwort meinerseits.

»Na ehrlich, ist doch eine tolle Idee. Den könnten wir auch in der Praxis verkaufen.« Ihre Stimme bekam etwas Schrilles, das war typisch für sie, wenn sie von einer ihrer Ideen angetan war. Das hatte auch den Vorteil, dass sie damit nun auch den akustischen Bereich in meinem Gehirn wieder erreichte.

»Was stellst du dir denn vor? Also, wenn du wirklich an einem guten Verkauf interessiert bist, dann wäre es sinnvoll, unsere Patienten zu fotografieren, jeder will dann einen Kalender mit seinem Viecherl haben und wahrscheinlich mehrere kaufen, um sie zum Beispiel zu Weihnachten zu verschenken«, kommentierte ich.

»Quatsch, Patienten fotografieren. *Ich* muss auf die Kalenderfotos!« Sie klang fast empört. Wie konnte ich auch nur auf die Idee kommen, wenn es darum ging, irgendwen für einen Tierarztkalender abzulichten, dass es Hunderln oder Haserln sein könnten, solange wir doch ein Babserl haben?

»Schräge Fotos müssen das werden. Du weißt, normale Sachen sind nicht meins.«

»Was schwebt dir vor?«

»Keine Ahnung, lass dir halt was einfallen.«

Typisch, sie wollte sich darstellen und ich musste dann die Idee ausbrüten.

»Du hast ja die Maskenbildnerei gelernt, da wirst du doch ein paar gute Einfälle haben. Und Ernst soll die Fotos machen. Das ist billig in der Produktion und wir haben auch noch Spaß dabei«, stellte sie fest.

»Ich denk einmal darüber nach.«

Da es Gott sei Dank bereits sieben Uhr war, konnte ich mich mit diesem Satz verabschieden, sonst wäre das ein stundenlanges Thema geworden.

»Ja gut, mach das, schönes Wochenende«, hörte ich sie noch hinter mir sagen.

Insgeheim hoffte ich, dass bis Montag die ganze Sache vergessen wäre, da sie über das Wochenende wahrscheinlich dreihundertsiebenundzwanzig andere Einfälle haben würde. Ich verschwendete daher an diesem Wochenende keine weiteren Gedanken daran. Als ich Montagvormittag die Praxis öffnete, hatte ich das Thema Kalender bereits erfolgreich verdrängt.

»Und? Ist dir was eingefallen?«, kam noch vor einem »Guten Morgen, wie war dein Wochenende?«.

Dieser Überfall kam plötzlich, und ich wusste nicht so recht, was ich sagen sollte. »Ist noch nicht ganz ausgegoren.« Mehr fiel mir nicht ein.

»Erzähl, ich bin doch schon so gespannt«, nervte sie weiter.

Wie ein ausgehungerte Wolf nach der Eiszeit, der gerade einen Knochen im teils noch gefrorenen Boden gefunden hat, dachte ich und amüsierte mich über meinen Vergleich. Mir war klar, dass ich spontan irgendetwas erfinden musste, sonst würde sie mir keine Ruhe geben.

»Wie wäre es, wenn wir ein bisschen ›lustig-skurril‹ mit kritischen Tierschutzgedanken verbinden?« Ich versuchte, Zeit zu gewinnen, um meinen Gehirnwindungen ein paar Sekunden zu verschaffen.

»Klingt nicht schlecht, aber was stellst du dir vor?«

Als hätte ich eine Ahnung. Alles, was mir im Kopf herumging, war die Einkaufsliste für das heutige Abendessen. Rehragout stand auf der familiären Speisekarte. Aber meine Assoziationsketten waren manchmal verblüffend schnell und ausgefallen.

»Wie gefällt dir das? Wir dekorieren einen Tisch mit Pasteten, Trauben, Kürbis, Maroni, Preiselbeeren und Rotwein – à la Wildbretplatte. Setzen dich dahinter und ich baue dir in die Haare ein Paar Rehkrickerln ein.« Der Gedanke »Babs als Schlachtvieh« gefiel mir sehr gut. Als Krickerln bezeichnet man bei uns in Österreich das noch junge Geweih der Rehböcke. Das heißt im Klartext, einen Zwei- oder Dreiender. »Ernst fotografiert das sicher so, als ob dein Kopf der Haupt- und Mittelpunkt der Schlachtplatte wäre.«

Ich wusste, dass die Wörter »Haupt- und Mittelpunkt« in einem Satz genügten, damit sie einige Stunden damit beschäftigt war, es sich vorzustellen und ihre Freude daran zu haben. Das verschaffte mir etwas Ruhe.

»Du, das ist eine Spitzenidee. Total schräg, genau meins. Ich telefoniere heute noch herum, wer Krickerln haben könnte. Spitze!« Sie tätschelte mir die Wange vor Freude. Tatsächlich, Babs telefonierte in der Weltgeschichte herum und ich hatte den restlichen Tag meinen Frieden. Abends, ich hatte mich gerade vor den Fernseher gesetzt, läutete mein Handy. Der Klingelton verriet sofort, dass Babs anrief.

»Was gibt's?« Ich war kurz angebunden ob der Störung.

»Wir bekommen die Krickerln, ein Bekannter, der ist Tierpräparator, der hat welche. Wir könnten doch gleich am Samstag die Fotos machen. Hast schon mit dem Ernst gesprochen? Wie gefällt ihm die Idee? Bestimmt ist der auch wild auf solche Fotos. Das wird aber auch sicher cool. Ich freu mich schon tierisch.«

»Lass uns das bitte morgen besprechen, ich kann jetzt gar nicht«, versuchte ich, ihren Redefluss zu unterbrechen. Man konnte zwar wahrnehmen, dass es ihr nicht gefiel, aber sie hatte ja keine Wahl.

Nun gab es kein Entrinnen mehr, denn wenn sie sich etwas in den Kopf gesetzt hatte und man selbst ein wenig an seinem Frieden hing, hieß die einzige Lösung: Wir machen es.

Keine Frage, es wurde ein tolles Foto, eine Heidenarbeit, und es bedurfte meines ganzen Geschicks, die Krickerln in Babs' Haare einzubauen, aber eben ein tolles Foto. Für Babs war das Thema allerdings noch nicht durch, da man ja auf dem Foto nichts weiter als ihren Kopf sah. Eindeutig zu wenig, um ihren Darstellungsdrang zu befriedigen.

»Nächstes Wochenende machen wir weiter, oder?«

Ernst und ich wussten, dass das nicht nur eine rhetorische Frage war.

»Schatz, bitte lass dir noch etwas einfallen, damit die Wochenenden wieder uns gehören«, flehte mich mein Mann an.

Die ganze Woche lang gackerte sie ohne Unterlass herum. Wie toll das Foto war, was ich mir für die nächsten überlegt hatte, wie toll wir als Team waren – Ernst als Fotograf, ich als Maskenbildnerin und vor allem sie als Model.

Ich verriet nicht viel, was das nächste Shooting betraf. Ich setzte sie nur auf eine ausgeflippte Location an und orderte dazu einen Papagei oder so etwas in der Art. Ich hoffte, die Latte damit so hoch gelegt zu haben, dass es nicht zustande kommen würde. Weit gefehlt!

»Wir können das beim Burkhard machen, der hat gerade einen alten Kakadu in Pflege«, war die postwendende Antwort.

Oh Gott, den hatte ich vergessen.

Burkhard war Stammgast bei uns in der Praxis. Er hatte auf der nächsten Hauptstraße eine Tierpension und ein eigenes sechsköpfiges Hunderudel. Wahrscheinlich gab er ebenfalls nach, weil ihm Babs sonst ewig in den Ohren gelegen wäre. Vielleicht sah er sich auch ein wenig gezwungen, kam er doch bei uns in den Genuss von Sonderkonditionen.

Wir rückten also am Samstag darauf bei Burkhard an. Die Maske war einfach genial, ich wollte diesmal den Tierschutz in den Vordergrund stellen. So toupierte ich Babs' Haare zu einem wilden Durcheinander, sprayte ein paar gelbe Flecke darauf und steckte vereinzelt noch ein paar lilafarbene Federn hinein. Zu Hause hatte ich bereits tagelang an einer Art Schnabel aus Latex gearbeitet, den musste ich nun nur mehr in ihr Gesicht kleben, sie schminken und ihren Körper bunt sprayen. Aus den Schuppenblättern einer Artischocke machte ich ihr an Händen und Füßen Krallen und als einziges Bekleidungsstück bekam sie einen winzigen hautfarbenen Stringtanga. Sie sah mitleiderregend aus, wie ein nicht mehr zu definierender tropischer Vogel nach dem siebenten Waldbrand.

Ernst und Burkhard bestaunten mein Werk.

»Wie kann man nur so kreativ und dann auch noch in der Lage sein, das so umzusetzen? Fantastisch«, lobte Burkhard meine Arbeit.

Ja, ich hatte es noch immer drauf, obwohl ich schon gut dreizehn Jahre nicht mehr in diesem Beruf arbeitete. Aber das ist schon eines meiner besonderen Talente, das versicherten mir viele Menschen und ehemalige Kollegen, die mich auch bis heute noch um Rat fragen.

»Schatz, und wie hast du dir das Foto mit dem Elend vorgestellt?« Ernst wusste, dass ich irgendetwas vorhatte, damit Babs dann eine Zeit lang wieder Frieden gab.

Ich bat Burkhard um eine fünf Meter hohe Leiter und scheuchte Babs, die zwar immer eine große Klappe, aber einen riesigen Respekt vor Höhe hatte, einen alten, gut sieben Meter hohen Baum hinauf. Denn immerhin war ja eine ihrer liebsten Aussagen: »Ich mach alles, je schräger, desto besser.« Deshalb war ich mir auch sicher, dass sie sich auf gar keinen Fall eine Blöße geben würde.

»Rauf mit dir in die Baumkrone.« Es machte Spaß, sie weiter in den Baum hinaufzutreiben.

Ernst machte ihr das Leben nicht gerade leichter, er richtete sie ein: »Bitte den linken Fuß dahin, mit dem rechten etwas nach vorn, …«, und so weiter, bis sie total verspreizt in den Baum verstrickt war.

»Soll ich ihr jetzt den alten, grantigen Kakadu raufbringen?«, fragte Burkhard, der auch gerade seine Freude an der Aktion entdeckte.

»Ja, der muss auf ihre linke Schulter, möglichst nahe ans Gesicht«, grinste Ernst zurück.

Aber man muss sagen, sie hat sich tapfer geschlagen, obwohl sie sich äußerst unwohl fühlte so hoch im Baum und keine Vogelfreundin war. Lore, so hieß die Kakadudame, gefielen die langen, pinkfarbenen Kunstwimpern mit den kleinen Federn dran nicht, sie wollte sie immer ausreißen, und somit hatte Babs neben ihrem Balanceakt auch noch mit Lore zu kämpfen.

Während sich Babs abmühte, unbeschadet wieder von dem Baum herunterzukommen, sah ich mich noch ein wenig in Burkhards Garten um.

»Ernst, komm mal her.« Ich deutete auf einen kleinen Verschlag. »Ist das nicht super?«

Ernst nickte. Es war ein circa ein Meter fünfzig hoher und drei Meter langer Verschlag aus Holz, der auf der Vorderseite mit einem Drahtzaun gesichert war. Drinnen schwirrten Fliegen und Mücken herum. Den Hühnern, die diesen Verschlag bewohnten, war das egal und am Boden klebte natürlich allerhand Dreck.

»Da muss sie rein, wir brauchen noch etwas, was einem Ei ähnelt und in der Größenrelation zu ihr passt.«

»Ich hab ein großes, weißes Deko-Ei«, meinte Burkhard und sauste schon ins Haus, um es zu holen.

Babs, froh, endlich wieder Boden unter den Füßen zu haben, kam auf uns zu. »Und wie war ich? Sind's gut word'n, die Fotos?«, sagte sie ganz auf professionelles Model machend.

»Ja sicher, aber das Hammerfoto machen wir erst jetzt«, strahlte ich sie an.

»Was ist dir denn noch eingefallen?«

»Du setzt dich da hinein, bekommst auch noch ein passendes Ei, auf dem darfst du brüten.«

»Aha.«

»Wir brauchen dazu einen unglücklichen, traurigen Gesichtsausdruck.«

»Traurig mag ich nicht so gerne. Warum denn?«

»Weil das ein tolles Tierschutzfoto wird. Gegen Legebatterien und den ganzen Unfug.«

Ich klang wohl sehr überzeugend und bestimmend, denn kaum hatte ich meinen Satz fertig gesprochen, zwängte sich Babs durch den kleinen Schlupf an der Seite hinein in den Verschlag. Aufgeregtes Gegacker seitens der Hühner war zu hören und leises Fluchen von Babs, die von den Mücken überfallen wurde. Aber sie fügte sich ihrem Schicksal und wurde zum unglücklichsten, zerfleddertsten, federlosesten Huhn aller Zeiten. Wirklich ein Hammerfoto und ein Mastershot von Ernst. Er konnte gar nicht genug davon bekommen und schoss ein Bild nach dem anderen. Ich selbst stellte mich etwas abseits, denn ich wusste, Ernst würde meine Idee umsetzen, und mir persönlich waren einfach zu viele Mücken da.

Maria, Burkhards Frau, kam in den Garten heraus. Maria und Babs waren alles andere als gute Freundinnen.

»Was tuat denn do de nockate Narrische in mein Hendlstoi?«, sagte Maria, was übersetzt etwa so viel heißt wie: Was macht denn eine nackte Tierärztin in meinem Hühnerstall? Dabei warf sie Burkhard einen nicht gerade liebevollen Blick zu.

»Hallo Maria, Burkhard war so nett und hat uns euren Garten für ein paar Fotos überlassen«, versuchte ich, die Lage zu entspannen. »Gib zu, der Anblick hat was, oder?«

Jetzt musste auch Maria lachen. »Do hast a wieda recht!«

Babs war froh, aus dem Stall zu kommen, und Marias Gegenwart war ihr alles andere als angenehm. Sie warf sich den mitgebrachten Bademantel über und meinte zu mir: »Komm, lass uns zu mir fahren, du musst mir noch das Zeugs aus den Haaren machen, damit ich duschen kann.«

Keine fünf Minuten später waren wir bei Babs. Während ich ihr die Haare ausbürstete und sie von den Federn befreite, konnte ich mir anhören, wie toll sie alles fand und dass sie glaubte, dass die Fotos sicher der Hammer seien. Sie verlangte mir ungefähr achtundfünfzigmal ab zu sagen, wie super sie ihre Sache gemacht hatte.

Obwohl mich das Ausmaß nervte, tat ich es mit einem gewissen Respekt, denn nicht alle hätten sich in dem grauslichen Stall nackig auf ein Ei gesetzt.

13

Rabauxi – schwarzer Hund, na und?

Wir hatten einen Ruhetag in der Praxis. Das hieß nicht, dass wir nichts zu tun hatten. Diese Tage brachten recht viel Stress mit sich und erforderten stundenlange Konzentration. Tierschutz hieß das Manöver.

Meist legten wir so einen Termin auf einen Montag, damit wir am Wochenende davor im Umkreis von gut fünfzig Kilometern Lebendfallen in verschiedenen Reitställen und Bauernhöfen verteilen konnten, um Streunerkatzen einzufangen. Freiwillige Helfer brachten die eingefangenen Tiere zu uns und anschließend in ihre Herkunftsgebiete zurück.

Kastrationen am laufenden Band. Eine wichtige Aktion, damit die Population nicht überhandnahm und die Katzen nicht durch ständige Inzucht degenerierten.

Wir bauten auf unser Erfolgsmodell: Arbeitsteilung. Babs übernahm die weiblichen Tiere und ich die Kater. Ich hatte an solchen Tagen oft zehn bis fünfzehn Tiere, keine Ahnung, warum es immer mehr männliche Geschöpfe gab als weibliche. Vielleicht sind sie verfressener als die Damen und gehen damit leichter in die Falle.

Der Arbeitsablauf war immer der gleiche: Narkose, rasieren, desinfizieren, der Eingriff an sich, Nachversorgung, markieren – damit man nicht ein Tier zweimal fing –, Schmerzmittel und Antibiotika spritzen, zurück in einen Transportkäfig und dann der Nächste. Da musste man schon aufpassen, dass man konzentriert blieb, und viele Pausen waren aufgrund der Vielzahl an Tieren auch nicht möglich.

Mehrmals spürte ich mein Handy vibrieren, hob aber verständlicherweise nicht ab. Wenn man sich für den OP steril gemacht hatte, durfte man einfach nichts mehr anfassen. Um die Mittagszeit gönnte ich mir ein Rauchpäuschen und sah nach, wer mich zu erreichen versucht hatte. Es war Renate, von der ich schon lange nichts mehr gehört hatte. Ich entschloss mich, sie erst am Abend zurückzurufen, falls es ein längeres Gespräch werden würde, denn dazu fehlte mir im Moment die Zeit.

Am frühen Abend waren wir für dieses Mal fertig, alle Katzen waren wohlauf und bereits wieder auf dem Weg in ihre Heimat.

Auch zu Hause war alles friedlich, Ernst schrieb an einem Filmkonzept und die Kinder hatten sich DVDs ausgeliehen – so war es jedem recht, dass ich nur ein paar Pizzen ins Rohr schob und im Haus verteilte. Dann machte ich es mir im Wohnzimmer gemütlich und rief Renate zurück.

»Ja hallo, wie geht es euch denn?«

»Danke, gut, die Hunde verstehen sich auch prima. Was gibt es bei dir? Wolltest du etwas Bestimmtes? Ich stand den ganzen Tag im OP, deshalb rufe ich erst jetzt zurück«, erklärte ich kurz, denn ich hatte nicht wirklich einen meiner gesprächigen Tage.

»Du, bei uns im Verein hat sich einiges geändert, und daher ist auch vieles schwieriger geworden, wie du weißt.«

»Nein, weiß ich nicht. Woher auch? Wir haben uns, seit wir den Xaverl geholt haben, weder gesehen noch gehört.« Ich wollte nicht unhöflich erscheinen, aber hätte es gerne gehabt, dass Renate zum Punkt kam, damit ich meine wohlverdiente Ruhe genießen konnte.

»Ach so, na, das hatte ich irgendwie verdrängt. Kurzum, uns brechen die ganzen Pflegestellen weg und die Spendengelder werden auch weniger, deshalb können wir keine Hunde mehr ohne Fixplatz rausholen. Du kannst dir vorstellen, wie schwierig es ist, die Fellnasen auf diese Weise zu vermitteln.«

»Das glaub ich gerne, aber weshalb hast du mich angerufen?«, versuchte ich, das Gespräch abermals voranzudrängen.

»Na weißt du, ich hab da einen schwierigen Fall. Da gibt es zwei Geschwisterhunde. Für einen hätte ich achtunddreißig Plätze, da kann ich mir wirklich den besten aussuchen. Aber für den anderen nicht einen einzigen.« Renate klang recht verzweifelt.

»Was sind das für welche und was ist mit dem einen?«

»Spaniel-Foxterrier-Mischlinge, das kann man einwandfrei sehen, beides Mädchen. Eine ist hellbraun, die kann sich die Plätze aussuchen und schaut nur nach Foxl aus. Die andere ist optisch ein schöner Spaniel, aber die Arme ist chancenlos …«

»Ja warum denn?«

»Weil sie schwarz ist! Pechschwarz ohne einen einzigen Fleck, deshalb finde ich keinen Platz. Beide wurden quasi weggeschmissen und haben schon das Manko, dass sie viel zu früh von der Mutter getrennt wurden, und wenn ich die nicht bis zum Wochenende raushole, dann werden sie getötet. Mir würde es das Herz brechen, wenn ich nur eine mitnehme, deshalb dachte ich, ich ruf dich an.«

Ein pechschwarzer Hund zu sein, ist leider ein wirkliches Drama. Züchter versuchen, diese Farbe zu vermeiden, und egal, wo man hinschaut, in Tierheime und Ähnliches, schwarze Hunde sind kaum zu vermitteln. Schwarz-weiß, braun-weiß oder auch dreifarbig ist kein Problem, aber nur schwarz zu sein, ist ein schweres Schicksal.

»Oh Gott, Renate. Ich kann das nicht alleine entscheiden, das muss ich erst mit dem Ernst besprechen. Kannst du mir ein Foto von der armen Maus schicken?«

»Mach ich, aber du weißt, die Zeit drängt.«

»Das ist mir klar, doch wie schon gesagt, ich kann das nicht alleine entscheiden. Schick mir das Foto und ich melde mich so schnell wie möglich.«

»Okay, dann danke erst mal. Bild kommt sofort.«

Es dauerte keine zwei Minuten und ich hatte das Foto. Sie war entzückend, unschuldig, aber gleichzeitig sah man ihr an, dass sie es auch faustdick hinter den Schlappohren hatte. Äußerlich zwar nur ein Spaniel, aber der freche Blick verriet ihre Terrier-Gene.

»Wie stellen wir das bloß an, dass wir Ernst zu einem schnellen Ja bewegen können?« Die Frage ging an Lieserl und Xaverl. Stören wäre jetzt kontraproduktiv gewesen, es blieb nur die Hoffnung auf einen baldigen richtigen Zeitpunkt.

Später am Abend gesellte sich Ernst zu mir ins Wohnzimmer. Er versuchte, auch noch ein Plätzchen auf der Couch zu ergattern.

»Eng, aber schön. Es hat schon eine eigene Qualität, wenn man so mit den Hunden kuschelt. Was schaust du denn da?«

»*Marley & ich*«, gab ich nur kurz zurück. Jetzt oder nie, dachte ich. Er genießt das Hunderudel und der passende Film läuft auch noch.

»Na geh, der arme Hund stirbt ja zum Schluss. Das kann ich nur schwer aushalten«, meinte er.

»Ja, aber immerhin nach einem erfüllten Hundeleben.« Ich zog aus meiner Hosentasche das Handy heraus, öffnete das Foto, das mir Renate geschickt hatte, und hielt es Ernst vor die Nase. Mit verstellter, piepsiger Stimme sagte ich: »Willst du mein Papa sein? Wenn nicht, muss ich am Wochenende sterben!«

»Wer ist das?« Ernst wusste gar nicht, wie ihm geschieht.

»Ein schwarzer Hund.« Heute war wirklich mein Tag der knappen Antworten.

»Na und?« Ernsts wohl auch.

Ich erzählte ihm von den Hundegeschwistern und den Änderungen in Renates Verein.

»Was bleibt uns denn schon anderes übrig? Mit dem Gewissen könnte ich nicht leben.« Das war mein Ernst, wie ich ihn liebte.

Natürlich wollte ich nicht bis zum nächsten Tag warten und rief Renate gleich an, um ihr zu sagen, dass der Babywau bei uns soeben sein Zuhause gefunden hatte. Sie war erleichtert und überglücklich, dass wieder eine Hundeseele gerettet war. Immerhin stand dieser Tag ohnehin unter dem Motto »Tierschutz«.

Ernst und ich fieberten dem Samstag entgegen. Jetzt, wo es klar war, dass sie zu uns gehörte, wollten wir sie auch schon bei uns haben.

Samstagmittag rief Renate an. »In fünf Minuten sind wir da. Könntest du bitte nur rauskommen, wir haben noch einen langen Weg vor uns, denn ihre Schwester kommt ins Salzburgische.«

Ich erwartete die Ankunft unseres Babywaus vor dem Haus. Renates Auto war voll mit Transportboxen.

»Wo ist denn unsere drinnen?«

»Gleich die erste auf der linken Seite. Ich bin euch so dankbar, dass ihr sie aufnehmt«, bedankte sich Renate überschwänglich.

Ganz hinten in der Hundebox konnte man ein kleines, schwarzes, verängstigtes Hundeknäuel sehen. Vorsichtig nahm ich sie heraus, knutschte sie einmal ausgiebig und flüsterte ihr ins Ohr: »Ich werde dir die tollste Hundemama aller Zeiten sein, mein süßer Spatz.«

Im selben Augenblick, vor Aufregung und nach der langen Fahrt von der Slowakei hierher, pieselte sie mich voll an. Daraufhin knutschte ich sie noch weiter ab, wahrscheinlich bin ich der einzige Mensch, dem das nichts ausmacht, sondern der nur noch mehr mütterliche Gefühle entwickelt.

Renate verabschiedete sich rasch und fuhr gegen Westen.

Jetzt war es an der Zeit, den schwarzen Hund – na und? – dem restlichen Rudel vorzustellen.

Es lief wie erwartet ohne Probleme, Ernsts Herz hatte sie ebenfalls im Bruchteil einer Sekunde erobert. Xaverl und Lieserl zeigten ihr den Garten, und wir überlegten, wie sie denn heißen sollte.

Wir beobachteten die drei, es war einfach nur schön. Sie war niedlich, frech, hübsch, tollpatschig und doch auch stolz.

»Es sollte vielleicht ein edlerer Name sein, so ein bisschen in Richtung alter Adel«, meinte Ernst.

»Sophie wäre doch passend«, gab ich zurück.

»Ja, das ist gut. Was hältst du von einem Doppelnamen: Sophie-Theres?« Ernst war in seinem Element. »Klingt wie eine österreichische Prinzessin.«

Ihr offizieller Name lautete also Sophie-Theres. Als Nächstes erhielt sie das traditionelle Kaufmann'sche Bad, welches all unseren Hunden nach ihrer Ankunft zuteil wird. Um einerseits den Dreck der Vergangenheit loszuwerden und andererseits einen neuen Geruch annehmen zu können, den des Kaufmann-Rudels.

Jeder Hund hat so seine Eigenheiten. Sophies spezielles Ding ist es, sich mehrmals am Tag auf die Couch zu werfen, auf den Rücken zu drehen und mit einem freudig-zufriedenen Grunz-Stöhnen minutenlang herumzuwälzen. Dabei schmeißt sie die Polster hinunter und wirkt äußerst zufrieden. Wir nennen das: rabauxeln. Deshalb wurde aus Sophie rasch das Rabauxi, und die Kurzform Bauxi ließ auch nicht lange auf sich warten.

Bauxi ist uns allen sofort ans Herz gewachsen und war von Anfang an ein vollwertiges Mitglied des Kaufmann-Clans.

14

Hoffen auf ein Weihnachtswunder

Ja, ja! Wieder einmal Vorweihnachtszeit, der ganz normale Wahnsinn. Unser simpler Zettel an der Eingangstüre der Praxis löste Massenpanik aus. Dort stand:

> *Die Praxis ist vom 23. Dezember bis 10. Januar geschlossen. In Notfällen suchen Sie bitte die Tierklinik Breitensee oder die Klinik der Vet. med. Universität Wien auf.*

Darauf gab es viele Warums, denn die anderen sind ja so teuer, gerade um Silvester herum, und … und …

Babs hatte beschlossen, diesmal vor Weihnachten, das sie hasste, zu flüchten und weit weg in den Süden zu fliegen. Ihr gutes Recht, außerdem hatten wir das ganze Jahr über erst zwei Wochen geschlossen gehabt, deshalb sahen wir das Ganze nicht so tragisch.

Aber es ist ohnehin jedes Jahr derselbe Zirkus. Erst wenn die letzte Kerze am Adventskranz ausgeblasen wurde, fällt den Herren und Damen Tierbesitzer ein, dass ihr vierbeiniger Liebling Schwierigkeiten mit der Silvesterknallerei hat. Und jedes Jahr aufs Neue erkläre ich, dass es gescheit wäre, schon beim ersten Kerzerl daran zu denken, denn es gibt eine sehr gute Arznei, die ein Kaseinenzym enthält, das auch in der Muttermilch enthalten ist. Damit fühlen sich die Welpen wohl und geborgen. Es braucht aber seine Zeit, bis sich ein sogenannter Spiegel aufgebaut hat und die Wirkung einsetzt.

Aber nein, eine Woche vor Silvester sollen wir dann zaubern. Babs und ich halten beide nichts von Sedativa und führen deshalb Jahr für Jahr dieselben Diskussionen. Die Patientenhalter wollen starke Medikamente, die ihre Viecherln einfach *umnieten*. Wir vergeben aber nur in Ausnahmefällen stärkere Präparate. Stattdessen verteilen wir in großen Mengen Rescue-Sprays oder -Tropfen und verschiedene andere Homöopathika mit der Bitte, nächstes Jahr früher daran zu denken. Nicht, dass wir daran glauben, dass dies was nützt; nur damit es nicht heißt, wir hätten nichts gesagt.

Wir hatten in dieser Woche noch Tonnen an Futterbestellungen zu besorgen – man hätte glauben können, dass wir niemals wieder aufsperren würden – sowie uns um die üblichen Wehwehchens an tierischen Pfoten zu kümmern, hervorgerufen von dem Salz auf den Straßen und Gehwegen oder dem kleinen Steinsplitt, der auch gerne gestreut wird. Dazu hatten wir uns einen großen Vorrat an Verbandsmaterialien und Betaisodona-Gel angelegt, damit die Besitzer zu Hause ihre Lieblinge selber versorgen konnten, weil wir Bösen doch gerade jetzt Urlaub machen wollten. Als Weihnachtsgeschenk hatten wir in der Apotheke kleine Tiegel mit Pfotenschutzcreme abfüllen lassen, damit sie uns nicht ganz verteufelten.

»Bin ich froh, wenn ich morgen im Flieger sitz«, sagte Babs, als wir aneinander vorbeihetzten.

Die letzte Stunde unserer Öffnungszeit war bereits angebrochen, aber in der Praxis wuselten noch genügend Menschen herum, und immer noch kamen neue, um sich schnell mit allem

Unnötigen einzudecken. An pünktliches Schlussmachen war nicht zu denken.

»Gott sei Dank haben wir morgen schon zu, ich war noch nicht einmal einkaufen, und was sonst noch alles zu tun ist, ich darf gar nicht daran denken«, gab ich zurück, als wir das nächste Mal aneinander vorbeiliefen.

Nachdem wir gefühlte dreitausend Mal ein frohes Fest und einen guten Rutsch gewünscht hatten, ungefähr sechstausend Hände und Pfoten geschüttelt hatten, sperrten wir die Praxis ab.

»Puh, geschafft. Ich kontrolliere noch, welche Medikamente in den Kühlschrank müssen.«

»Gute Idee, mach das. Ich geh hinauf, kommst du auch noch auf ein Glas?« Babs war schon auf dem Weg nach oben.

»Ja, gleich!«, rief ich ihr nach.

»Unten ist klar Schiff«, meldete ich, als ich oben ankam.

»Ich flieg zwar erst morgen am Abend, ich werde aber vorsichtshalber den ganzen Tag die Rollos unten lassen, nicht dass noch wer auf die Idee kommt anzuklopfen.« Babs wollte definitiv nur mehr ihre Ruhe haben und dem ganzen Wahnsinn hier entfliehen.

»Und? Gar kein Protest seitens deiner Eltern?«, wollte ich wissen. Da ich mit den beiden gut bekannt war, konnte ich mir nur schwer vorstellen, dass sie erfreut über Babs' Flucht vor dem Familienfest waren.

»Hör mir bloß auf, das war ein Theater. Aber mir ist das echt wurscht. Ich bin alt genug, dass ich auch einmal das machen darf, was ich will, oder?!«

»Eh, keine Frage.«

»Sag, wie geht's denn der Sophie, hat sie die erste Läufigkeit gut überstanden?«

»So weit, so gut, ein bisschen scheinträchtig ist sie, aber sonst ist alles okay. Ich würde sagen, wir kastrieren sie im Februar, was meinst du?«

»Guter Zeitplan. Bin gespannt, wie sie sich tut mit der Knallerei, ist ja ihr erstes Silvester«, warf Babs noch ein.

»Wir werden sehen, hoffentlich so wie die anderen. Dem Lieserl ist es ja völlig egal, die sitzt auch um Mitternacht bei der größten Knallerei im Garten, und dem Xavi taugt es zwar nicht, aber er wird auch nicht panisch. Du, ich verzupf mich jetzt. Wünsch dir auf alle Fälle einen guten Flug und einen tollen Urlaub.«

»Und ich dir ein schönes Fest und mach dir nicht wieder so viel Stress.«

Ich war so froh, als ich zu Hause war mit dem Wissen, drei Wochen nicht in die Praxis zu müssen. Die letzte Woche war enervierend gewesen.

Aber auch der nächste Tag begann früh und gleich mit einem Großeinkauf. Nachdem alle Sachen verstaut waren und Ernst den Baum aufgestellt hatte, beschloss ich, Letzteren gleich zu schmücken, damit das erledigt war und ich Ruhe für alles andere hatte.

»Kaffeepause, mein Schatz. Es ist gerade mal zehn Uhr und du hast schon so viel erledigt.« Ernst klang, als würde er keinen Widerspruch gelten lassen, und irgendwie hatte er ja auch recht. Kaffee am Vorweihnachtstag neben dem geschmückten Baum, das hatte schon eine eigene Gemütlichkeit. Liesi lag unter dem Christbaum, ihr absoluter Lieblingsplatz, deshalb wurde bei uns auch die letzte Baumreihe nicht geschmückt, und Xaverl inspizierte den Baumschmuck. Ernst und ich saßen zufrieden aneinandergelehnt auf dem Sofa und neben mir rabauxelte Sophie, dabei streichelte ich ihren Bauch, den sie mir entgegenstreckte.

»Was ist das?« Ich spürte etwas, als ich sie streichelte. Um sicherzugehen, stellte ich die Kaffeetasse beiseite und tastete ihren Brustbereich nochmals ab.

»Was ist los? Was ist mit unserem Bauxerl?« Ernst fiel immer gleich aus allen Wolken; wenn einer unserer Hunde nur nieste, war das schon ein Desaster für ihn.

»Ich weiß nicht genau, es greift sich aber seltsam an.«

»Was kann das sein? Ruf die Babs an, die ist ja noch da!« Ernst drückte mir mein Handy in die Hand.

Ich telefonierte mit Babs, dazu ging ich auf unsere Terrasse. Mit einem nervösen Mann im Nacken hätte ich keinen klaren Gedanken fassen können.

»Und?« Ernst wollte sofort eine Antwort, als ich das Zimmer wieder betrat.

»Sie meint, das ist nur die Milchdrüse von der Scheinträchtigkeit. Sie ist aber heute nicht mehr bereit, einen Blick drauf zu werfen«, erklärte ich.

Ich versuchte, Ruhe zu bewahren, obwohl ich innerlich auf hundertachtzig war, immerhin waren wir ja keine nervenden Klienten, und wenn sie etwas von mir wollte, war ich auch immer da.

»Super, echt nett«, sagte Ernst darauf anspielend. »Und was meinst du zu der Ferndiagnose?«

»Ich glaub das nicht. Ich habe schon so viele Milchdrüsen angetastet, das fühlt sich anders an.«

»Und was jetzt?«

»Lass mich kurz nachdenken«, bat ich ihn. »Ich ruf die Ellie an, die hat sicher heute noch Sprechstunde.« Ellie war eine befreundete Tierärztin und hatte ihre Praxis ein Stück außerhalb Wiens. Bei ihr hatte auch Saskia ihr Praktikum absolviert.

Ich erklärte ihr, was los war.

Ernst war bereits mehr als nervös. »Was sagt sie?«

»Ellie tippt auch auf die Milchdrüse und meint, dass alles andere eigentlich zum Ausschließen ist, da Sophie erst in ein paar Tagen ein Jahr wird. Aber ich soll nur kommen, sie schaut sich das gerne an, wenn ich der Meinung bin, es greift sich seltsam an.«

»Na, Gott sei Dank, wenigstens eine, die deiner Erfahrung vertraut.« Ernst war sichtlich erleichtert.

Ich schlüpfte nur rasch in Stiefel und Jacke, schnappte mir unser Sorgenkind und fuhr zu Ellie in die Praxis.

»Du hast recht, das fühlt sich eigenartig an.«

»Was machen wir?«, fragte ich, obwohl ich die Optionen kannte.

»Du weißt, dass wir nur zwei Möglichkeiten haben. Entweder wir machen eine Nadelbiopsie, schicken sie ein und warten, was dabei rauskommt. Falls der Befund positiv ist, müssen wir halt dann operieren. Oder wir holen das Ding gleich heraus und schicken es als Ganzes ein.« Ellie wusste, dass ich die Erklärung zwar nicht brauchte, aber hören wollte.

»Wir holen das Scheißding raus, ich ruf nur kurz den Ernst an und sag ihm Bescheid. Ich assistiere dir, wenn es dir recht ist.«

»Klar, kein Problem. Ich mach in der Zwischenzeit den OP fertig.«

Ich nahm Sophie mit vor die Türe, damit sie noch Lacki machen konnte und nicht allein in der fremden Umgebung war. Nicht genug, dass ich selbst von der Rolle war, hatte ich auch noch einen heulenden Mann am Telefon, den ich irgendwie zu beruhigen versuchte.

Den eigenen Hund auf dem Tisch zu haben, ist kein Vergnügen. Als wir den Schnitt gemacht hatten, sahen wir dieses Ding – eine etwa drei Zentimeter lange, fingerdicke Kapsel. Ellie hatte sehr viel Gefühl beim Schneiden bewiesen und die Kapsel nicht angeschnitten.

»Super, abgekapselt, das ist ja schon einmal was wert. Eigenartig bei einem Hund in diesem Alter, aber: Hut ab, gut erkannt!«, versuchte sie mich etwas aufzubauen.

»Mir ist schon klar, dass es nicht der günstigste Zeitpunkt ist, so knapp nach der Läufigkeit und weil sie doch eine leichte Scheinträchtigkeit hat. Aber wäre es nicht trotzdem gescheit, sie jetzt gleich zu kastrieren und sie nicht in zwei Monaten noch mal in Narkose zu schmeißen und zu operieren?« Es war ein spontaner Gedanke von mir, aber Ellie stimmte mir zu.

Zuerst trennten wir diese verfluchte Kapsel heraus, machten diese für das Labor fertig und kastrierten mein Bauxerl gleich im Anschluss.

»Weißt was, hol dir einen Kaffee und ruf noch mal den Ernst an. Zumachen kann ich sie jetzt allein, du bist ja auch mit den

Nerven durch, den eigenen Hund zu operieren, kostet einiges an Mumm.«

»Ja, das mach ich. Ich danke dir, dass du mich ernst genommen hast und wir das gleich heute noch gemacht haben. Eine Bitte hätt' ich noch: Kannst du sie subkutan nähen? Ich kenn meinen kleinen Wildfang, wenn sie Schmerzmittel bekommt, wird sie sich keine Schonung gönnen, die ist wirklich eine narrische Gurk'n.«

»Mach ich gerne und ich nähe sie besonders sorgfältig und fest zu, als wäre sie mein eigener Hund.«

Der Kaffee und die zwei Zigaretten dazu taten erst einmal gut. Dass das Telefonat Ernst beruhigte, daran hatte ich meine Zweifel, aber er hätte es auch nicht ausgehalten, wenn ich nicht den Stand der Dinge durchgegeben hätte.

Ellie stattete mich noch mit Antibiotika und Schmerzmittel in verschiedenen Stärken aus.

»Das Laborprozedere kennst du ja, die holen das heute Abend ab und dann geht es über Nacht nach Deutschland. Da wir jetzt auch noch die Feiertage dazwischen haben, kann es sein, dass wir das Ergebnis erst im neuen Jahr bekommen. Aber ich schreibe auf jeden Fall den Vermerk ›Kollegenhund‹ darauf.«

Ellie war mir menschlich so viel näher als Babs. Auf die hatte ich im Moment sowieso einen Zorn biblischen Ausmaßes. Ellie arbeitete immer ohne Assistentin, da sie die Kosten für die Patienten so niedrig wie möglich halten wollte. Ab und zu hatte sie Praktikanten wie Saskia, die von der Uni kamen und nichts kosteten.

»Du hast ja meine Privatnummer. Wenn irgendetwas ist, ruf mich an, egal um welche Uhrzeit oder ob es Feiertag ist.«

»Wir müssen noch verrechnen, was bekommst du denn?« Um Haaresbreite hätte ich in der ganzen Aufregung vergessen zu bezahlen.

»Das können wir ja auch irgendwann erledigen«, meinte Ellie.

»Nein bitte, machen wir das gleich«, ersuchte ich sie.

Sie berechnete mir nur die Laborkosten und die Medikamente. Das andere, meinte sie, falle unter Freundschaftsdienst und außerdem hätte ich ja mitgeholfen.

Ellie gab Sophie noch eine Spritze mit einer niedrigen Dosis Narkoseauflöser, sie wollte sich vergewissern, dass es ihr gut ging.

Sophie öffnete ihre Augen, wedelte mich an und leckte mir über die Nase. Jetzt musste ich heulen, nicht nur, weil sich die Anspannung löste, sondern auch, weil Tiere so etwas Besonderes sind. Die Kleine hatte sicher Schmerzen und gerade eine Bauch-OP hinter sich, und das Erste was sie machte, war, mich zu küssen und anzuwedeln. Ich bedankte mich noch mal ausgiebig bei Ellie und packte unser Bauxi ins Auto.

Langsam und vorsichtig jedem Schlagloch ausweichend, fuhren wir nach Hause. Wir wurden bereits sehnsüchtig erwartet. Ernst war noch komplett aufgelöst und Lieserl und Xavi schnupperten vorsichtig an der kleinen Patientin.

Unser Rabauxi schlief bereits wieder und Ernst hütete sie wie seinen Augapfel, deshalb konnte ich nochmals weg. Ich musste noch schnell ein paar Babyshirts kaufen, zum Schutz der Bauchwunde und damit Sophie nicht an selbiger dauernd herumschlecken konnte. Dann ging ich noch Lachs kaufen, meine Hundzis sollten heute etwas Besonderes bekommen.

Dieses Weihnachten hatten wir keine Lust zu feiern und auf Geschenke. Es war nur ein stilles Hoffen und Beten auf ein Weihnachtswunder. Nicht auszudenken, wenn das Laborergebnis etwas Schlechtes ergeben sollte.

Die Kinder fuhren am Morgen des 25. Dezember aufs Land, um ein paar Tage Ski zu fahren. Ernst und ich pflegten unser Sorgenkind, die beiden anderen Hunde halfen uns dabei und versuchten, uns Trost zu spenden. Wir waren das perfekte Rudel, das stand fest. Am 27. Dezember rief ich Saskia an, um ihr zum Geburtstag zu gratulieren.

»Ich wünsch mir nur, dass die Sopherl wieder ganz gesund wird, knutsch sie morgen ganz fest von mir.« Saskia konnte ihre Ferien wohl auch nicht in vollen Zügen genießen.

Da wir bei unserer Sophie ziemlich genau wussten, wie alt sie war, als wir sie bekamen, hatten wir ihren Geburtstag auf den 28. Dezember gesetzt. Deshalb auch die Extraknutscher von Saskia an Sophie.

Am Abend von Sophies Geburtstag rief Ellie an.

»Wie geht's dem süßen Wildfang?«

»Gut, dank den Schmerzmitteln zu gut. Ich bin jetzt auf die schwächeren umgestiegen und reduziere auch die Dosis, damit sie nicht ganz so herumtollt«, erzählte ich Ellie.

»G'scheit, du bist eine gute und umsichtige Krankenschwester, da weiß man, wo es die Saskia her hat. Du, der Vermerk ›Kollegenhund‹ hat geholfen, ich habe vor zehn Minuten das Ergebnis der Laboruntersuchung bekommen und der Herr Professor und Laborleiter höchstpersönlich hat es gemacht.«

Mir schlug das Herz bis zum Hals, ich war mir zu diesem Zeitpunkt nicht einmal sicher, ob ich es wissen wollte.

»Und?«, fragte ich zögerlich.

»Also, der Herr Professor lässt ausrichten, dass dem, der das so früh entdeckt hat, das größte Lob gehört. So etwas wird gerne übersehen oder falsch eingestuft.«

Dieser Aussage konnte man nichts entnehmen, gut oder schlecht war nicht zu herauszuhören. Ich zündete mir eine Zigarette an und ging in den Garten, nur mit dem Glimmstängel und Bewegung konnte ich die Spannung ertragen.

»Und weiter?«

»Das war ein Tumor, und die genetische Untersuchung ergab, wäre er länger in Sophie geblieben, dann wäre er einer von der ganz bösartigen Sorte geworden. Aber so früh entfernt, das noch sehr junge Alter von der Kleinen in Betracht gezogen und so schön abgekapselt, hatte er vermutlich noch keine Chance zu streuen. Es bedarf daher auch keiner Chemotherapie oder sonstigen Behandlung. Lediglich wöchentliches Abtasten ist zu empfehlen. Ich schick dir den Befund per Mail, damit du ihn auch hast.«

»Danke für die gute Nachricht. Das waren schreckliche Tage des Wartens. Sei mir nicht bös, wenn ich gleich wieder auflege, aber ich muss das sofort weitersagen. Danke nochmals für alles, Ellie.«

»Selbstverständlich, das versteh ich doch, wir hören uns bald. Und danken kannst du dir selbst am meisten, du hast den Tumor entdeckt und nicht lockergelassen. Tschüss, und lass alle schön grüßen, auch die kleine Maus.«

Ich eilte zurück ins Haus und überbrachte die Botschaft. Ernst und ich mussten vor Freude weinen.

»Wie ich sage: Du hast immer recht«, sagte er dann und drückte mich. »Jetzt hat sie dir schon zum zweiten Mal ihr Leben zu verdanken. Ist wohl ihr Schicksal gewesen, dass sie ein schwarzer Hund wurde, sonst wäre sie vielleicht nicht hier bei uns gelandet.«

Seit jenem Silvester wissen wir auch, dass wir mit dem Anzünden der ersten Kerze am Adventskranz auch an die Besorgung des Stress-Medikaments gegen das Neujahrsknallen für Sophie denken müssen. Die Arme war am Ende, das auch noch, hat denn der Hund nicht schon genug mitgemacht?

Wie auch immer, Hauptsache unser Bauxi war über den Berg. Ihr Rabauxeln wurde zur Vorsorge-Abtast-Bauchi-Rubbel-Routine. Nun konnten wir die restlichen Feiertage etwas entspannen, eine große Sorge war von uns abgefallen. Ich musste mir nur noch überlegen, wie ich Babs gegenübertreten würde – oder ob überhaupt noch.

15

Wo ein Wille ist, da ist auch ein OP

Nachdem dieses Buch hier offensichtlich weitergeht, erübrigt sich die Feststellung, dass ich meine Arbeit in der Praxis doch wieder aufnahm. Ich hätte das Thema am liebsten gar nicht mehr erwähnt, um nicht in Versuchung zu kommen, doch noch alles hinzuschmeißen. Nur Babs konnte wie immer ihren Mund nicht halten.

»Na, hab ich recht gehabt? War sicher nur die Milchdrüse und die Geschichte ist auch schon wieder erledigt.«

»Nein, war es nicht, und etwas mehr Vertrauen wäre toll gewesen, wenn ich sage, das fühlt sich eigenartig an, auch wenn viele Parameter dagegensprechen.« Ich versuchte, mich so knapp wie möglich auszudrücken, denn ich spürte bereits wieder den Zorn in mir hochsteigen. »Es war ein Tumor, den wir noch am selben Tag entfernt haben. Zum Glück, wie dann auch die Laboruntersuchung ergab.«

»Aha, und wann willst du sie jetzt kastrieren?«, meinte sie beiläufig.

Unfassbar, das war alles, was sie darauf zu sagen hatte.

»Ist schon passiert, Ellie und ich haben das in einem Aufwasch gemacht, um die Kleine nicht so knapp hintereinander nochmals in Narkose legen zu müssen.« Dass ich bei Ellie gewesen war und die mir sofort geglaubt hatte, musste ich ihr noch unter die Nase reiben.

Ich ging zum Telefon und rief die Pharmafirma an, um Medikamente und Impfstoffe zu bestellen. Das hätte zwar nicht sofort sein müssen, aber es erschien mir der schnellste Weg zu sein, um das Gespräch zu beenden.

Dienstags und donnerstags sperrten wir die Praxis erst um 16 Uhr auf. Das machte Sinn, denn sonst wären wir zu unseren anderen Hobbys wie Hausarbeit und Kochen gar nicht mehr gekommen. In Ausnahmefällen setzten wir zu Mittag größere Operationen an oder – wie an diesem Dienstag – einen Hausbesuch.

Es ging um eine alte Katze, die öfter auf der Hausbesuchsliste stand. Sie hatte schon einige Operationen wegen immer wiederkehrender Tumore hinter sich. Die Besitzer hatten beschlossen: Das Tier habe genug mitgemacht und das Einfangen und Zu-uns-in-die-Praxis-Bringen verursache zu viel Stress. Daher geschah, was immer auch nötig war, wie Impfungen oder Blutabnahmen, im Zuge eines Hausbesuchs. Diesmal stand wieder eine Blutabnahme auf dem Programm.

Ich für meinen Teil hasste Blutabnahmen im Rahmen eines Hausbesuches. Katzen wurden gerne mal ultrabiestig, wenn sie sich im eigenen Territorium befanden, und waren auch nicht so gut zu fixieren wie am Behandlungstisch.

Diese Besitzer bauten für mich immer noch eine besondere Hürde ein. Da das Miezekatzitatzi nicht von vornherein Wind von unserem Besuch bekommen sollte, sperrten sie sie nicht ein oder ließen sie im Wintergarten. Nein, ich durfte die Katze immer durchs ganze Haus jagen und befand mich dann letztlich meistens unter dem Bett der Eheleute, wo ich versuchte, das essigsaure Katzi hervorzuholen. Meiner Meinung nach war das um ein Vielfaches stressiger, als wenn man ihren Wirkungsraum begrenzt hätte.

Geschafft, zu guter Letzt war ich der Sieger, zwar um ein paar Kratzspuren reicher, aber der Sieger. Ich brachte die Katze hinunter in den Wintergarten. Wir beide – ich meine die Katze und mich – hatten zu dem Zeitpunkt bereits dieselbe miese Laune. Das konnte ja noch ein Spaß werden, kein Tisch war hoch genug, um sie ordentlich zu fixieren, was die Sache um einiges schwieriger machte. Verständlicherweise wurden wir nicht die besten Freunde.

Babs wollte die Katze vorher noch abhören und abtasten. »Na, die hat ja schlechte Laune. Hältst du sie bitte fest, damit sie mich nicht kratzt?«

Der Satz kam bei mir wie der reine Hohn an. Ich wusste in dem Moment nicht, durch wen Babs mehr gefährdet war, durch die Katze oder durch mich.

»Ach was, woher das wohl kommen mag?« Das konnte ich mir einfach nicht verkneifen, obwohl ich mich normalerweise bei Hausbesuchen eher zurückhielt.

Babs tastete sie also ab. »Ich spüre da ein Knötchen, das sollten wir aber schnellstens entfernen.«

Für diesen Satz wäre ich ihr am liebsten an die Gurgel gegangen.

»Aber das ist zu viel Stress für unsere alte Dame«, entgegnete die Besitzerin.

»Wir sollten schon abklären, ob das etwas Bösartiges ist.« Babs witterte die Chance auf eine fette Rechnung.

»Können Sie es nicht ausnahmsweise hier machen?«, flehte Frau Gruber, die Besitzerin, Babs an.

»Wissen Sie was, Frau Gruber, wir machen das gleich hier und sofort.« Jetzt stand Babs wieder als verständnisvolle Wohltäterin da.

»Und wie stellst du dir das vor?« Der Blick, den ich Babs zuwarf, sagte eher so etwas wie: Ich glaub, du spinnst.

»Improvisieren, meine Liebe. Wo ein Wille ist, da ist auch ein OP.«

Ich hätte ihr eine reindonnern können. Dieser überhebliche Ton und überhaupt. Ich sah mich um und versuchte, aus dem Wintergarten einen provisorischen OP herzurichten. Als Erstes ließ ich einmal alle Jalousien herunter, damit die Nachbarn nicht sehen konnten, was wir hier veranstalteten. Eventuell waren die Dinger ja auch noch nützlich, um daran etwas aufzuhängen.

»Sie sagen's, wenn Sie etwas brauchen oder ich helfen kann.« Frau Gruber war einfach nur glücklich, dass das Katzi nicht in die Praxis musste.

»Ich sag's, wenn ich etwas brauche, aber passen Sie nur auf, dass die Katze nicht wieder entwischt«, ersuchte ich Frau Gruber innständig und mit aller Freundlichkeit, die ich gerade noch aufbringen konnte.

»Na, dann mach der Frau Doktor einen Kaffee, wenn s' schon so lieb ist.«

Ja natürlich, die liebe Frau Doktor, die ja nur Magister ist und im Leben nicht daran denkt, ihre Doktorarbeit zu schreiben. Wozu die viele Mühe und Zeit, wenn die Leute auch so das Geld zur Türe hereintragen, so und ähnlich waren meine Gedanken. Wir brauchen einen Infusionsständer, war der nächste Gedanke. Nachdem ich Babs buchstäblich rechnen hörte, musste auch die ganze Show inszeniert werden.

»Frau Gruber, ich bräuchte einen Kleiderbügel!«, rief ich in die Küche. Es wäre so einfach gewesen, wenn nicht die guten alten Bambusgarderobenständer aus der Mode gekommen wären. »Am besten zwei, wenn möglich solche aus der Putzerei«, setzte ich nach.

»Davon hab ich genug, wir haben heute erst die Hemden von meinem Mann aus der Reinigung geholt.« Frau Gruber hatte fast etwas freudig Erregtes in der Stimme.

Einen der Kleiderbügel bog ich mithilfe einer Zange auf, die eigentlich fürs Zähneziehen gehörte, aber wohl heute nicht zum Einsatz kommen würde. So konnte ich die Jalousien verstärken und den anderen Bügel, an dem die Infusionsflasche baumelte, daran anhängen, ohne Schaden anzurichten. Als Nächstes suchte ich den richtigen Tisch, der sollte hoch genug sein, damit sich die Frau Doktor nicht allzu sehr krumm machen musste, und lang beziehungsweise kurz genug, um die Katze ausbinden zu können.

Ausbinden heißt, die Beine werden zur Seite gebunden, jeder Operationstisch hat an den Seiten spezielle Halterungen dafür. Das gewährleistet, dass sich die Tiere während einer Operation, oder auch, wenn die Narkose bereits etwas nachlässt, nicht bewegen oder zucken können.

Nachdem ich mich für einen Tisch entschieden hatte, bereitete ich diesen mit sterilen Tüchern vor. Es erwies sich als Segen, dass ich die große Hausbesuchstasche mitgenommen hatte, so war alles vorhanden, was ich benötigte. In die Nierenschale goss ich reichlich Alkohol und legte das zwar ohnehin steril verpackte Skalpell und die verschiedenen Pinzetten, Nadelhalter und was man sonst noch brauchen konnte, hinein. Stellte noch eine große Packung steriler Tupfer auf den Tisch und legte die noch verpackten Handschuhe dazu.

»Wir könnten sie jetzt eigentlich schlafen legen«, forderte ich Babs auf, die mit Frau Gruber in der Küche ratschte.

»Karin, das haben Sie ja toll gemacht. Mein Wintergarten sieht ja wie ein kleines Lazarett aus.« Frau Gruber war hin und weg, als sie hereinkam. Gerade so als hätte ich eine innenarchitektonische Höchstleistung vollbracht.

Wir legten die Katze in Narkose, sie bekam ihren Venenkatheter, aus dem ich gleich ein paar Röhrchen Blut abnahm und an dem ich im Anschluss die Infusion anhängte.

»Ich setze mich in die Ecke. Da kann ich nichts sehen, denn das würde ich nicht aushalten, bin aber trotzdem bei ihr.« Der helle, überdrehte Ton in Frau Grubers Stimme war verschwunden.

»Was ist denn hier los?« Herr Gruber kam herein.

»Pssst, wir operieren«, mahnte ihn seine Frau.

Das *wir* in ihrem Satz erheiterte mich. Nachdem der Eingriff keine große Sache war, dauerte er auch nicht lange. Während Babs die Katze nähte – dieses Mal musste sie es selbst machen, da wir Publikum hatten –, spritzte ich der noch friedlich schlafenden Patientin Antibiotika und Schmerzmittel.

»Ich leg sie ins Bad. Da kann sie sich nicht wehtun und noch ihren Dusel ausschlafen.«

Frau Gruber streichelte ihren Liebling vorsichtig, als ich die Katze an ihr vorbeitrug.

»Woll'n S' noch ein Tasserl Kaffee, Frau Doktor?«

Babs willigte ein, und ich baute das Lazarett, wie es Frau Gruber nannte, wieder in einen Wintergarten um.

Da noch zwei Stunden Zeit waren, bis die Nachmittagssprechstunde begann, beschloss ich, nach Hause zu gehen. Ich duschte, zog mich um, und bei einer Tasse Tee versuchte ich, zumindest einen Teil meiner Ressentiments, die ich gegenüber Babs hegte, in den Griff zu bekommen.

Es war ständig etwas zu tun an diesem Nachmittag, so hatten wir wenig verbale Berührungspunkte. Ich hatte auch den Eindruck, dass Babs – die sonst gänzlich unsensibel gegenüber anderer Leute Befindlichkeiten war – spürte, dass die Luft zwischen uns zum Schneiden dick war.

16

Hadern mit Gott

Dieser Frühsommertag begann ruhig und mit einem Gute-Laune-Wetter. Da es Donnerstag war, konnten Ernst und ich im Garten unser Frühstück einnehmen. Anschließend ging ich einkaufen, kochte für den Abend vor und es blieb auch noch genügend Zeit, um sich der Gartenarbeit zu widmen. Auch unsere Hunde hatten Spaß im Garten und buddelten Löcher in jeder Größe, bloß nie an einer Stelle, die man hätte nutzen können, zum Beispiel für Neupflanzungen. Egal, ich grub meine eigenen und Ernst versuchte, die tierischen Grabungen wieder zu schließen. Ein herrliches Schauspiel! Ich könnte nicht sagen, wer mehr Spaß daran hatte: ich beim Zusehen oder die Hunde, die ihr Herrchen immer wieder aufs Neue mit frischen Löchern versorgten.

Mitten in dieser Idylle läutete mein Handy und ich sah auf das Display. »Was will denn der Erwin?«, sagte ich laut.

Erwin war ein Freund von uns, seines Zeichens Schauspieler, und wohnte in der Steiermark. Im Normalfall rief er eher bei Ernst an als bei mir. Erwin war von seinem Äußeren her ein extremer Typ: groß, schwarzes Haar, einen exakt rasierten Bart. Ein sehr auffälliger Kerl, optisch hatte er fast etwas Diabolisches. Aber er war ein herzensguter Mensch mit einem Hang zu Wagneropern und schwarzen Schäferhunden. Letztere mussten unbedingt immer Damen sein und bekamen ausschließlich klingende, theatrale Namen von Wagnerfiguren. Isolde hieß seine aktuelle, sechsjährige Hündin. Ein weiteres wichtiges Attribut für Erwin ist auch noch: streng, sehr streng katholisch.

»Hallo. Servus. Was gibt's?« Um langen Vorreden zu entgehen, wollte ich gleich wissen, um was es geht.

»Ich brauch deine Hilfe.« Erwin klang besorgt und verzweifelt zugleich, so kannte ich ihn gar nicht.

»Was ist los?«, wollte ich wissen und konzentrierte mich jetzt auf das Gespräch.

»Der Isolde geht es schlecht, nein, es geht ihr beschissen.« Er brach fast in Tränen aus.

»Wieso? Was hat sie denn?«

»Ich weiß es nicht. Die Chemo hat sie echt gut weggesteckt. Aber sie frisst jetzt nichts mehr und kann sich kaum bewegen, ich muss sie in den Garten tragen und sie halten, damit sie ein Lackerl machen kann.«

Das klang gar nicht gut. Ich wusste zwar, dass Krebs ein Thema gewesen war, aber das war schon einige Zeit her und seitdem sah alles gut aus.

»Fahr doch in die nächste Klinik. Nach Graz hast du es ja nicht allzu weit.«

»Na, ich bin alle Tierärzte bei uns schon durch, niemand will uns helfen.«

Ich befürchtete Schlimmes und das »niemand will uns helfen« interpretierte ich mehr in die Richtung, dass es nichts mehr zu machen gab, Erwin es aber nicht wahrhaben wollte.

»I glaub, dass sich de am Land net so guat auskennen.«

»Aber was soll ich jetzt machen? Übers Telefon kann ich dir wirklich nichts sagen. Man müsste sich Isolde anschauen und eventuell ein Organblut machen.« Ich konnte ihm nichts raten und hätte es vernünftig gefunden, nach Graz zu fahren.

»Kann ich nicht zu euch kommen?« Seine Verzweiflung war groß.

»Schon. Aber das ist ja weit, da fährst du ja gut und gerne zwei Stunden. Abgesehen davon ist es heute sehr warm, und einem Hund, dem es so schlecht geht, würde ich das eher nicht zumuten.«

»Na, bitte. Dir vertrau ich.«

Nachdem ich ihn nicht weiter betteln lassen wollte und er scheinbar nicht davon zu überzeugen war, in eine nähere Klinik zu fahren, hatte ich keine andere Wahl.

»Dann schau, dass du um spätestens drei Uhr hier bist, dann haben wir noch eine Stunde, bis wir die Praxis aufmachen, und können uns in Ruhe ein Bild machen. Nimm alle Befunde, Röntgenbilder und was du sonst noch hast, mit. Und bitte schau, dass es der Isolde nicht zu heiß im Auto wird, und lass sie zwischendurch etwas trinken.«

»Danke, Karin, ich such alles zusammen und mach mich dann gleich auf den Weg.« Anscheinend erleichtert legte er sofort auf.

Ich verständigte Babs und setzte sie über die Situation ins Bild.

»Was ist denn los?«, wollte Ernst wissen.

Ich erzählte ihm von dem Telefonat mit Erwin.

»Das klingt nicht gut. Wenn was ist, kannst du mich ja anrufen oder den Erwin herschicken.« Ernst schätzte die Situation ebenfalls als kritisch ein.

Um dreiviertel drei brachte ich mich vor der Praxis in Position, um Erwin gleich anzuweisen, sich in die Garageneinfahrt zu stellen, damit er nicht unnötig Zeit mit der Suche nach einem Parkplatz verplemperte. Da Babs ohnehin nicht weg musste, konnte er die Garage blockieren. Keine zwei Minuten später bog Erwin um die Ecke. Er deutete mein Handzeichen richtig und kam in der Einfahrt zu stehen. Er öffnete die hintere Türe, und Isolde versuchte, aus dem Auto zu kommen. Sie schaffte es mit letzter Kraft, brach aber sofort zusammen.

»Isolde, Weibi, komm, steh auf. Was mach' ma jetzt?« Erwin versuchte, seine Hündin zu motivieren, und ich konnte in seinen Augen die schreckliche Angst erkennen, die er hatte.

In meiner ganzen Laufbahn hatte ich noch nie einen Hund in einem so schrecklichen Zustand gesehen. »Nichts, lass sie liegen, ich komm gleich«, sagte ich, während ich bereits in Richtung Praxis rannte. Es waren ja nur ein paar Meter. Mir kamen eine Frau mit Einkaufswagen und zwei Kinder auf ihren Fahrrädern entgegen.

»Benützen Sie bitte den Gehsteig auf der anderen Straßenseite, und ihr beide donnert hier auch nicht vorbei!«

»Aber …« Weiter kam die Frau nicht.

»Nichts aber, ich hab hier einen Notfall!«

Ich hatte offenbar etwas sehr ernsthaft Entschlossenes im Ton. Die Frau wechselte, ohne noch ein Wort zu sagen, die Straßenseite und die Kinder stiegen sogar von den Fahrrädern ab und schoben diese die Straße hinunter.

Ich schoss in die Praxis hinein, schnappte mir den nächsten Infusionsständer samt einer kräftigenden Lösung, einen Stauschlauch und einen Venflon. Jetzt musste alles sehr schnell gehen, denn wenn die Venen kollabierten und ich keinen Zugang mehr legen könnte, wäre alles zu spät. Auf dem Weg nach draußen rief ich nur zu Babs in den ersten Stock hinauf. »Gib Gas, ich hab da draußen die Scheiße am Dampfen! Ich leg einen Zugang und häng sie an eine Infusion, und du schnapp dir den Rest. Sie liegt am Gehsteig vor der Garage!«

Als ich zur Türe hinausging, hörte ich sie bereits die Treppen herunterlaufen. Sie wusste, wenn ich so energisch war, musste die Lage ernst sein.

Gerade noch kam ich in Isoldes Vene, hinter mir hörte ich, wie Babs angelaufen kam. »Scheiße!«, war alles, was sie sagen konnte, als sie die Hündin sah.

Nach ein paar Minuten war eine ordentliche Dosis von der Infusion in Isolde und wir schoben eine Decke unter ihr durch, um sie in die Praxis zu tragen. Wir legten sie drinnen auf den Boden und Babs spritzte ihr noch einige Notfallmedikamente. Danach schaute sie die mitgebrachten Befunde durch.

»Komm, lass uns einmal ein Röntgen machen, vielleicht sehen wir ja, mit was wir es tun haben.« Babs' Stimme klang nicht zuversichtlich. Als wir unsere Röntgenschürzen angelegt hatten und alle Türen zum Röntgenraum verschlossen waren, flüsterte sie mir zu: »Hast du jemals schon einen Hund in solch einem Zustand gesehen?«

»Nein, ich bin erschrocken, als ich sie sah. Wennst' mich fragst, lebt die nur mehr, weil sie spürt, dass er nicht loslassen kann.«

Behutsam, damit sich das arme Tier nicht stresste, legten wir sie auf den Röntgentisch und machten die Aufnahmen. Wir brachten sie wieder zurück in den Aufenthaltsraum zu Erwin und hängten ihr erneut die Infusion an.

»Wir befunden einmal die Bilder und kommen dann wieder. Am besten, du setzt dich zu ihr auf den Boden, damit sie dich spürt und riecht«, sagte ich mit betont ruhiger Stimme zu Erwin, in der Hoffnung, dass sich beide etwas entspannten.

Zurück im Röntgenraum, deutete Babs mit einer Fingerbewegung auf den Bildschirm. »Bitte schau.«

Fassungslos starrte ich auf den Schirm. Von den oberen Atemwegen bis zum Darm zog sich durch den Hund etwas, was aussah wie eine Perlenkette.

»Ein Tumor nach dem anderen, so etwas habe ich weder in meinem Studium noch in meiner ganzen Praxis je gesehen. Mir ist es schleierhaft, dass der Hund noch lebt.« Babs konnte gar nicht glauben, was uns die Röntgenbildner offenbarten.

»Ich sag's ja, die traut sich nicht zu sterben. Ich nehme mal an, dass wir ihr gar nicht helfen können.«

»Nein, erlösen können wir sie, das müssen Qualen für das Tier sein. Jeder Atemzug, jede Bewegung.«

Babs hatte natürlich recht, aber Erwin davon zu überzeugen würde fast unmöglich sein.

»Ich glaub, er muss das Ausmaß sehen. Ich hol ihn rein und bleib bei Isolde. Red du mal mit ihm«, war mein erster Vorschlag.

Erwins Entsetzen war durch drei geschlossene Türen zu hören. Ich versuchte mit leisen Worten und Streicheleinheiten mein Bestes, damit Isolde nicht wieder in eine Stresssituation kommen würde.

»Nein, nein, das kann ich nicht. Ich bin sicher nicht der Henker meiner Hündin! Ich darf nicht über Leben und Tod entscheiden.« Erwin kniete sich neben seiner Hündin nieder und beugte sich weinend über sie.

Von Babs kam ein hilfloser Blick in meine Richtung.

»Was haltet ihr davon, wenn wir Isolde raus in den Garten tragen und in die Sonne legen? Das tut ihr sicher gut«, war mein zweiter Vorschlag.

Erwin willigte ein und Babs sagte: »Gute Idee.«

Erwin und sein Hund gaben ein ans Herz gehendes Bild ab.

»Bleib du bei ihm, den kannst du ja nicht alleine lassen. Vielleicht schaffst du es, ihn zu überzeugen, dass es wirklich das Beste für den Hund wäre. Ich mach die Praxis einmal auf, und falls ich wirklich Hilfe brauche, dann hol ich dich, aber ich glaube, da draußen wirst du mehr gebraucht.« Babs konnte manchmal auch mitfühlend sein.

»Ja, das wird das Gescheiteste sein, und ich ruf den Ernst an, der soll herkommen, ich kann jede Unterstützung gebrauchen.«

Auf dem Weg nach draußen rief ich meinen Mann an, und nachdem wir bloß um die Ecke wohnten, war er auch eine Minute später da. Ich sah, wie Ernst erschrak, als er Isolde erblickte. Ich ging mit ihm ans andere Ende des Gartens und erzählte ihm in kurzen Worten den Stand der Dinge.

»Und mehr brauche ich wohl nicht mehr zu sagen, du hast sie ja gesehen.«

»Es ist ja entsetzlich, wie dieser Hund aussieht, das muss er doch sehen.« Ernst rang nach Worten und seiner Fassung.

»Er sieht es nicht, weil er es nicht wahrhaben möchte, wie schlecht es ihr geht.« Mehr konnte ich dazu nicht mehr sagen.

Ernst setzte sich neben Erwin und Isolde in die Wiese und sagte erst mal gar nichts. Erst etwa zehn Minuten später fing er mit ihm zu reden an. Ich zog mich kurz zurück.

»Ich brauch was Alkoholisches, sonst steh ich das nicht mehr lange durch. Ich kann ja verstehen, dass niemand in die Situation kommen möchte, diese Entscheidung – sein eigenes Tier betreffend – fällen zu müssen. Aber dass jemand die Augen derartig verschließen kann und nicht erkennt, wie dieses arme Wesen leidet und in welchem erschreckenden Zustand es ist, das begreif ich nicht.«

Babs holte eine Flasche Prosecco von oben und hörte mir zu. Wie durch ein einsichtiges Wunder war an diesem Tag nichts in der Praxis los. Babs und ich gingen mit der Flasche hinaus in den Garten und steckten uns eine Zigarette an. Wenig später kam Ernst zu uns, er hob nur die Schultern und schüttelte den Kopf.

»Gebt mir auch ein Glas, auf so einen Anblick war ich nicht gefasst. Ich hab keine Ahnung, was ich ihm noch sagen könnte.«

»Schatz, ich glaub, wir bleiben erst mal hier im Abseits stehen und lassen ihn in Ruhe. Vielleicht braucht er Zeit, bis das Ganze bei ihm durchsickert, und vielleicht kann er auch dann erst erkennen, wie es ihr geht.« Ich drückte Ernst mein Glas in die Hand, während Babs noch ein weiteres holen ging.

Schweigend, trinkend und rauchend beobachteten wir, was jetzt geschah. Erwin ging auf und ab, murmelte, weinte, schmiss sich dazwischen immer wieder über seine Hündin. Stand wieder auf, hob die Hände in den Himmel und begann laut einen nicht enden wollenden Monolog über sich, sein Schicksal und darüber, welches Arschloch doch sein Gott sei, dass er seine Isolde mit solch einer Krankheit belege und ihm jetzt auch noch die Entscheidung aufbürde, ob sie sterben musste oder nicht.

Diese Szene mit ansehen zu müssen ging an Herz und Nieren. Noch nie hatte ich jemanden so mit Gott hadern sehen. Es dauerte noch eineinhalb Stunden, bis er sich durchgerungen hatte, Isolde gehen zu lassen.

Was ich dann aber nicht verstand, war, dass er in ihren letzten Minuten nicht bei ihr sein wollte. Er ging mit Ernst zu uns nach Hause, er wollte sie nur noch einmal sehen, wenn sie von Antares abgeholt werden würde. Antares ist ein Tierbestattungsunternehmen, das auch die Einäscherung vornahm.

»Ich ruf an, wenn Antares da ist. Du musst denen auch noch verschiedene Papiere unterschreiben und dir eine Urne aussuchen«, gab ich Erwin zu verstehen.

Wie immer, so habe ich auch bei Isoldes Einschläferung geweint, sie gestreichelt und ihr gesagt, was sie doch für eine tolle Gefährtin war und wen sie alles drüben, über der Regenbogenbrücke, schön grüßen lassen sollte. Dieser Tag ging an meine Substanz.

Wir hatten Isoldes Urne noch drei Wochen bei uns stehen, bis Erwin das nächste Mal nach Wien kam und sie abholte. In der Zwischenzeit bekam sie bei uns einen schönen Platz, und jeden Abend zündete ich für sie und all die anderen Tiere, die bereits verstorben waren, und für alle, die ständig in Tiertötungen ums Leben kamen, eine Kerze an.

Ein halbes Jahr später rief Erwin bei Ernst an und erzählte ihm, dass er eine neue Hündin habe. Nachdem Wagner kein Glück gebracht und es mit Isolde ein so dramatisches Ende genommen hatte, war er auf Richard Strauss umgestiegen, der Name seiner neuen Begleiterin war Elektra.

Was mich an der Geschichte aufregte, war, dass Erwin wieder zu einem Züchter gegangen war und sich eine völlig überzüchtete Hündin gekauft hatte, anstatt irgendeinem armen Hund das Leben zu retten. Denn gegen die verschiedenen Krankheiten, die diese überzüchteten Rassehunde haben, wird auch Richard Strauss nichts mehr ausrichten können und für so viele Hunde tickt die Zeit in einer der unzähligen Tötungsstationen.

17

Tibet-Terrier haben nicht zwangsläufig etwas Buddhistisches

Apropos Rassehunde: Einer unserer Stammpatienten war ein Tibet-Terrier; um genauer zu sein, eine Tibet-Terrier-Dame. Deren Besitzer – na, wie wollen wir das freundlich ausdrücken? – etwas hysterisch waren. Beim kleinsten Röcheln, das für normale Ohren nicht wahrnehmbar war, standen sie bereits auf der Matte. Das arme Tier hatte aufgrund des fast täglichen Futterwechsels ständig Durchfall. Es war ihnen nicht beizubringen, dass das eine normale Reaktion des Darms war und dass sie gefälligst einmal bei einem Futter bleiben sollen. Nein, stattdessen mussten alle möglichen Medikamente in den jungen Hund hinein.

Babs und ich rannten uns immer über den Haufen, wenn wir die Eppsteins kommen sahen, keine von uns beiden wollte sie in Empfang nehmen. Mit den Wochen hatten wir entschieden, das Los bestimmen zu lassen, wer von uns raus musste.

»Oh Gott, schon wieder sind die Eppsteins im Anmarsch.« Ich verdrehte die Augen und wollte nach hinten gehen, um mit Babs zu losen, wer sie diesmal am Hals hatte und sich eine stundenlange Leier anhören durfte.

Im selben Augenblick raste Babs an mir vorbei. »Ich muss aufs Klo, tut mir ehrlich leid.« Sie kicherte fies, als sie an mir vorbeilief.

Mir blieb auch nichts erspart. Ich ging hinaus in den Garten und zündete mir eine Zigarette an. Sollen die Eppsteins doch warten, ich brauche jetzt eine, bevor ich da rausgehen muss, dachte ich mir, wissend, dass Babs dafür Verständnis hatte und mit Sicherheit einen Stock höher auf dem Balkon stand und dasselbe tat.

Es half nichts, Babs dachte nicht daran, wieder herunterzukommen, also musste ich nach der Zigarette wohl oder übel hinein.

»Das Puppi hat noch immer Durchfall, alles, was Sie verschrieben haben, hilft gar nichts. Wir haben auch so gut wie alle Futtermarken durch, trocken und feucht, meine Frau hat gestern sogar selbst gekocht.« Den vorwurfsvollen Unterton von Herrn Eppstein konnte man nur schwer überhören.

»Herr Eppstein, ich weiß nicht, wie oft ich Ihnen schon gesagt habe, dass das täglich ein Attentat auf den Hundedarm ist.« Auch ich verlor meine Freundlichkeit, denn bei uns stehen die Tiere im Vordergrund und nicht unbelehrbare Besitzer. Außerdem hatte ich es wirklich satt, dass er uns mit seinen Aussagen und seinem Ton als Deppen darstellte. »Was hat denn Ihre Frau gekocht?«

Eigentlich wollte ich das gar nicht hören, damit ich nicht noch ärgerlicher werden würde.

Die Antwort übertraf dann noch alle Befürchtungen: »Rohes Schweinsschnitzelfleisch mit in Milch gekochtem Reis, denn immerhin ist der Hund ja noch im Wachstum.«

Ich glaubte nicht, was ich da hörte. An diesen Geisteskindern waren Politiker verloren gegangen. Politiker, die sich so etwas Hirnverbranntes einfallen ließen wie den Hundeführschein oder eine Rasseliste. Eine Eignungsprüfung für Hundebesitzer erschien mir im Falle der Eppsteins als weit angebrachter.

»Was? Schweinefleisch mit Milchreis?« Babs hatte am oberen Treppenabsatz alles mit angehört und donnerte die Stiegen herunter. »Und Sie wundern sich, dass sich der Hund die Seele aus dem Leib scheißt?«

Ich musste mich kurz wegdrehen, da ich lachen musste. Das war eine Seite an Babs, die ich echt gerne mochte. Wenn ihr die Hutschnur platzte, dann war das auch immer unverblümt zu vernehmen.

»Ich bestehe jetzt auf eine Blutuntersuchung, aber eine umfassende. Dann kann ich auch den Züchter auf Wertminderung verklagen. Seit wir sie haben, hat sie nur Durchfall, und Sie bekommen das auch nicht in den Griff, da muss etwas nicht stimmen. Und sie scheint ja sonst auch nicht ganz gesund zu sein. Selbst wenn sie da letzte Woche nichts gehört haben, aber sie hat geröchelt.«

»Mag sein, Herr Eppstein, aber ich habe Ihnen auch zu einem Brustgeschirr geraten. Wenn die Puppi nicht ordentlich an der Leine geht und zieht, ist ein Halsband kontraproduktiv«, warf ich kurz ein, da ich sah, wie Babs Luft holte, um gleich loszubrüllen.

»Wie Sie wollen, aber bringen wird das nichts. Und wenn Sie ein großes Suchprofil haben möchten, dann wird das auch teuer.«

Babs war schon vorgegangen in den Behandlungsraum, und ich schnappte mir Puppi, denn ich wusste ja schon, dass Herr Eppstein immer draußen wartete. Er konnte das nicht mit ansehen, wenn seine Puppi malträtiert wurde, wie er uns sagte.

»So ein blöder Kotzbrocken, ich musste jetzt gehen, sonst hätte ich ihn rausgeschmissen«, sagte Babs zu mir, als ich den Behandlungsraum betrat.

Zwei Tage später war der Befund da. Ich rief Herrn Eppstein an und erklärte ihm, dass die Blutuntersuchung, eigentlich wie erwartet, nichts ergeben hatte. Lediglich die Elektrolyte waren nicht ganz in Ordnung. Was aufgrund der Durchfälle aber auch kein Wunder war. Ich machte mir sogar nochmals die Mühe und gab ihm Tipps zur Ernährung und was für Puppi im Moment das Allerbeste wäre, um den Durchfall zu stoppen. Er legte nur auf, nicht einmal ein Danke kam.

Eine halbe Stunde später stand er schon wieder in der Praxis.

»Himmel, Herrgott, das darf doch nicht wahr sein«, murmelte ich. »Was gibt es denn noch?«

Wenn er am Telefon weder Danke noch Auf Wiederhören sagen konnte, fehlte mir jetzt auch ein Grüß Gott.

»Das gibt es nicht, irgendwas muss der Hund doch haben.«

Ja, zwei Vollidioten als Besitzer, wäre mir beinahe über die Lippen gekommen.

»Eine Kotuntersuchung könnte ich Ihnen noch anbieten, wenn Sie es partout nicht mit der richtigen Ernährung versuchen wollen«, sagte ich bewusst sehr zynisch.

Diesmal drehte sich Babs um, ging in den Nebenraum, weil sie kichern musste, und deutete mir *super*, indem sie mit beiden Daumen nach oben zeigte, als sie für Herrn Eppstein bereits außer Sichtweite war.

»Und wie soll das gehen?« Wie ich aus seinem Gesichtsausdruck schloss, war die Frage ernst gemeint.

»Ich gebe Ihnen eine Viole mit. Wenn Sie diese aufdrehen, haben Sie ein kleines Schäufelchen in Händen, und wenn die Puppi kackt, dann sammeln Sie damit etwas ein, verschließen das Ding wieder und bringen es her. Wir schicken diese Probe dann ins Labor«, erklärte ich es ihm auf die Art, wie die Beiträge bei der *Sendung mit der Maus* gesprochen werden.

»Ist ja ekelhaft«, entfuhr es ihm.

»Anders wird es nicht gehen. Wollen Sie jetzt oder nicht?« Meine Geduld war am Ende.

»Geben Sie schon her, das soll meine Frau machen.« Grußlos verließ er die Praxis.

Am nächsten Tag brachte mir Frau Eppstein die Probe vorbei, und ich erläuterte ihr, dass es etwas dauern würde, bis wir ein Ergebnis hätten, da verschiedene Kulturen angelegt werden mussten.

Ich versuchte ihr noch einmal zu verdeutlichen, dass alles mit der Ernährung stand und fiel – sinnlos. Drei Tage später kamen die Eppsteins völlig aufgelöst in die Praxis.

»Schauen Sie, was jetzt wieder los ist«, rief er hysterisch. »Irgendwas hängt aus ihrem Hintern!«

Sie hielten mir den Hund über den Tresen.

»Würden Sie bitte Platz nehmen, wir haben noch einen Patienten drinnen. Ich hol mir Puppi, sobald wir fertig sind«, forderte ich die Eppsteins auf. Ich ging in den Behandlungsraum und überbrachte Babs die Frohbotschaft, dass die Eppsteins draußen warteten. Unser Patient war schon fertig, es war ein Meerschweinchen, das eine Zahnbehandlung gehabt hatte und erst gegen Ende der Sprechstunde wieder abgeholt werden würde.

»Die sollen warten, ich hab schon keine Nerven mehr für sie. Komm, gehen wir eine rauchen.« Babs hatte offenbar keine Lust auf diese Begegnung und so gingen wir in den Garten.

»Nützt ja nichts, ich hol die tibetische Fellnase rein. Also, wenn man an Karma und die Reinkarnationstheorie glaubt, muss in seinem vorigen Leben einiges schiefgelaufen sein. Sonst kommst du doch nicht als Hund von den Eppsteins auf diese Welt, oder?«, war mein kleiner Aufmunterungsversuch.

Babs kicherte und kam mir nach. Ich holte das Reinkarnationsdesaster und setzte es auf den Behandlungstisch.

»Wenigstens können wir in Ruhe unsere Arbeit machen«, äußerte Babs, weil die Besitzer nie in den Behandlungsraum mitkamen. Auch Puppi hatte immer einen erleichterten Gesichtsausdruck, wenn sie ihre Besitzer nicht sehen musste, so kam es mir zumindest vor.

»Na bitte, da jetzt haben wir den Salat. Schau dir das an. Ist echt zum Kotzen, was Leute an ihren Viechern verbrechen.« Babsis Laune hatte den nächsten Tiefstand erreicht.

Aber es war auch wirklich zum Aus-der-Haut-Fahren. Da Puppi noch so jung war und im Grunde nur Durchfall hatte, konnte sich der Schließmuskel nicht richtig festigen, das geschieht im Normalfall durch ständiges Dehnen und Wieder-Schließen. Bei ihr war alles relativ schlaff und jetzt stülpte sich ein Teil des Enddarms heraus. Das konnte nur durch eine Operation behoben werden.

»Jetzt gehst aber du mal raus, ich hab die eh ständig am Hals, und an der buddhistischen Ruhe mangelt es mir bei den Eppsteins sowieso. Ich bereite einstweilen den OP vor und rasiere Puppis Hintern.«

Babs wusste, dass ich recht hatte, und ging ins Wartezimmer.

»Das darf nicht wahr sein. Was das wieder kostet. Na, der Züchter kann sich warm anziehen«, hörte ich Herrn Eppstein lautstark sagen.

»Wir rufen Sie an, wenn wir fertig sind und Puppi wieder aufgewacht ist. Ich kann nicht sagen, wann das sein wird. Aber wir schließen in einer halben Stunde und dann machen wir das gleich.« Babs ließ sich auf keine Diskussion ein und wartete nicht einmal ab, bis die Eppsteins gegangen waren, sondern kam schnurstracks wieder zurück in den Behandlungsraum.

Kurz darauf wurde das Meerschweinchen abgeholt, ein anderes kam noch zum Krallenschneiden und dann schlossen wir die Praxis. Ich rief kurz zu Hause an, dass wir noch eine Operation hätten und es später werden würde.

»Jetzt trinken wir aber noch einen Kaffee und rauchen gemütlich eine.« Babs wirkte geruhsam.

Manchmal bin ich durchaus geneigt, cheflichen Anweisungen nicht zu widersprechen. Aus der einen wurden drei Zigaretten, da wir die Operation durchsprachen.

Diese gestaltete sich als eine verzwickte Sache. Kleiner Hund – kleiner After. Immerhin musste man Teile mit Gefühl und Augenmaß wieder in den Hund hineinstülpen und dann die Dinge am richtigen Ort annähen, denn wenn die Nähte nicht richtig saßen, konnte man einen astreinen Darmverschluss produzieren. Babs werkelte herum.

»Kaum Platz in dem Arsch.« So und ähnlich waren ihre knappen Aussagen.

Damit alles so weit wie möglich aufgedehnt blieb, tamponierte ich. Das hatte jedoch den blöden Nebeneffekt, dass Babs absolut keinen Platz hatte, innen zu nähen, denn wir hatten es ja leider nicht mit dem Hintern einer Dogge zu tun.

»Das geht so nicht. Es ist ohnehin ein Blindflug, da kann ich nur nach Gefühl nähen, aber ich muss wenigstens den Nadelhalter und die Nadel etwas bewegen können. Nimm die Tamponade raus, damit ich genug Platz habe, und versuch bitte, mit gekrümmtem Finger drinnen alles an den vorgesehenen Platz zu halten, bis ich es angenäht habe«, lautete die veterinärmedizinische Anleitung.

»Gut, probieren wir es, aber halte du mit einer chirurgischen Pinzette alles so lange an seinem Platz, bis ich mich mit meinem Finger orientiert habe und während ich die Tamponade ziehe und fühlen kann, wo alles hingehört«, bat ich Babs.

»Guter Plan, so machen wir es«, gab Babs zurück.

Wie schon erwähnt, im OP waren wir ein unschlagbares, gut aufeinander eingespieltes Team. Auch gab es hier keine hierarchische Ordnung, hier herrschte absolute Gleichberechtigung. Hier waren wir Partner.

Wir wurschtelten noch einige Zeit herum, bis ich die perfekte Position hatte, alles fixieren konnte und Babs genügend Platz hatte, um nähen zu können.

»Scheiße, ich komm da nicht g'scheit hin. Geht's bei dir noch?« Babs hatte so ihre Mühe.

»Du kennst mich, auch wenn ich einen Krampf habe, lass ich nicht los. Also stress dich nicht.«

Sie wusste, dass das so war. Nicht nur einmal hatte ich Krämpfe in den Fingern gehabt, aber losgelassen hatte ich noch nie.

»Ein Mantra wär jetzt nicht schlecht.« Ich versuchte, die Stimmung etwas aufzulockern.

»Du bist so blöd«, gluckste Babs.

Sie versuchte noch mal ihr Glück in den dunklen Tiefen des tibetischen Afters. »Ha, ich glaub, jetzt hab ich's!«

Im selben Moment, als Babs das sagte, entfuhr mir nur ein schrilles: »Au, das war mein Finger!«

»Sag bloß, ich hab dich jetzt ans Arschloch vom Puppi angenäht!?«

»Ja, das hast du, und ich schwöre, ich zieh nicht bei den Eppsteins ein, nur weil du mich an ihren Hund genäht hast«, witzelte ich trotz einem gehörig Maß an Schmerzen, aber die Situation war leider zu komisch.

»Ach du Schande, das tut mir echt leid. Wart a bissl', ich schneid den Faden ab. Hältst du es noch aus? Denn es wäre fein, wenn du noch drinbleiben könntest. Ich muss ja den Hund noch nähen.«

»Kein Thema, aber mach.«

Wir mussten uns beide am Riemen reißen, dass wir nicht lachten.

Zweiter Versuch, alles ging gut. Wir brachten die OP zu Ende, und Puppi erfuhr nie, dass ich für kurze Zeit untrennbar mit ihr verbunden war. Babs donnerte mir zur Sicherheit noch eine Tetanusspritze rein und versorgte meinen Finger. Noch sehr lange belustigte uns diese Geschichte.

18

Irgendwas ist immer los

In diesem Sommer hatte Saskia ihre Ausbildung an der Uni abgeschlossen, mit Bravour, muss man erwähnen, sie hatte nur eine Zwei im Zeugnis. Wir, also Ernst und ich, fanden das fantastisch, nur Saskia hat sich wochenlang über die Zwei geärgert. Sie war der Meinung, die hätte ihr ganzes Zeugnis versaut – na, da hatte ich schon viel schlimmere Zeugnisse gesehen, auch von ihr.

Meine Freude hielt nicht lange an, denn Saskia eröffnete uns, dass sie mit ihrem Freund Michi zusammenziehen wolle. Michaels Großvater musste in ein Pflegeheim und er würde die Wohnung seines Opas übernehmen. Ich hatte keine Gegenargumente an der Hand. Immerhin war sie mit ihrer Ausbildung fertig, einen Job hatte sie auch, und sie war mittlerweile neunzehn Jahre alt. Das Einzige, was ich sagen konnte, war: »Spatz, das fällt mir nicht leicht.«

Das war für Saskia kein Grund, um zu Hause wohnen zu bleiben. Ich muss gestehen, dass ich volle zwei Jahre gebraucht habe, um mich daran zu gewöhnen, dass sie nicht mehr unter unserem Dach wohnt.

So zog Saskia in jenem Sommer aus. Drei Wochen lang blockierten Übersiedlungskartons das halbe Haus. Es war unglaublich, was so alles in ein Zimmer hineinpasst. Das einzig Positive an Saskias Auszug war, dass sich die Stromrechnung deutlich reduzierte. Die diversen Terrarien, die sie sich mit der Zeit zugelegt hatte, verbrauchten allerhand Strom.

Die neue Distanz zu meiner Tochter betrug nun eineinhalb Kilometer oder zwei Busstationen statt der nur zwölf Stufen ins Obergeschoss. Für mich machte das einen Unterschied, als ob sie nach Zentralasien ausgewandert wäre. Diese Ruhe! Kein Kommen und Gehen von ihr und ihren Freundinnen, keine laute Musik, kein Gequatsche den ganzen Tag, kein dauerbesetztes Badezimmer, keine Müllhalde, die ich wöchentlich wieder in Ordnung bringen musste, keine Berge an Schmutzwäsche, kein »Darf der Michi am Wochenende da schlafen?« – nichts. Nur eine leere Stille. Es war entsetzlich für mich. Auch ihr Zimmer blieb für die nächsten zwei Jahre so, wie sie es verlassen hatte. Ernst sagte oft, wir sollten etwas daraus machen, und es sei doch schade, einen Raum nicht zu benützen. Aber ich war der Meinung, sie sollte sehen, dass hier noch immer ihr Zuhause war und sie jederzeit wiederkommen konnte.

Keine Sorge, nach zweieinhalb Jahren war ich bereit umzubauen, dann aber doch zum Entsetzen von Saskia, die meinte: »Aber das ist ja mein Zimmer.«

»Jetzt nicht mehr, du hattest zweieinhalb Jahre die Chance«, gab ich ihr knapp zurück. »Aber natürlich kannst du jederzeit, wenn etwas mit euch schiefläuft, nach Hause kommen«, ergänzte ich rasch, sonst hätte es mir wahrscheinlich das Herz gebrochen.

Den Herbst nach Saskias Auszug musste ich nicht nur in einem Heim ohne Tochter verbringen, sondern es starb auch noch aus heiterem Himmel meine heiß geliebte Oma. Das war ein schwerer Schlag, auf den ich nicht im Mindesten vorbereitet war.

Irgendwie ging die Zeit – bis hin zum Winter – einfach an mir vorüber. Am Samstag vor dem ersten Advent eröffnete mir Babs, dass sie sich bereits am darauffolgenden Montag wieder einmal unters Messer begeben würde.

»Das muss sein, ich muss etwas für mich tun. Da ich danach einige Zeit rekonvaleszent sein werde und dann schon wieder dieses unsägliche Weihnachten ansteht, wäre mein Vorschlag, dass du zweimal in der Woche für zwei oder drei Stunden in der Praxis bist und dass wir die letzte Woche vor Weihnachten bis zum 7. Januar komplett geschlossen haben.« Babs holte nicht einmal Luft, während sie mir das sagte.

Für mich klang das gut. In der Zwischenzeit hatte ich in der Praxis ein eigenes Zimmer für meine homöopathischen Patienten, denen konnte ich mich in dieser Zeit etwas mehr widmen, und eine ganze Woche Weihnachtsvorbereitung, einmal ohne Stress, war auch nicht schlecht. Auf ihre OP ging ich gar nicht ein, wo und was würde ich dann schon sehen, oder auch nicht.

»Also für mich geht das in Ordnung«, war meine logische Antwort.

Ich gestaltete noch Flyer, in denen die genauen Öffnungszeiten standen und von wann bis wann die Praxis ganz geschlossen war, damit würde ich mir hoffentlich unnötige Diskussionen ersparen. Auf dem Plakat, das ich für die Eingangstüre machte, stand als Erstes zu lesen: *Krankheitshalber geschlossen!*

An so viel Ruhe war ich nicht gewöhnt, weder zu Hause noch in der Praxis. Auf die Woche Weihnachtsvorbereitungen in Ruhe freute ich mich und kaufte mir dafür eine neue CD mit amerikanischen X-mas Evergreens aus den 1950er- und 1960er-Jahren, mit Liedern von Doris Day, Bing Crosby, Louis Armstrong und vielen anderen.

In der letzten Woche vor dem Heiligen Abend hatte ich noch viel vor: mit meiner Freundin Ilse auf einen Weihnachtsmarkt gehen, Nina kam aus Bremen für ein paar Tage nach Wien, das hieß, nochmals auf dem Weihnachtsmarkt Punsch trinken, letzte Geschenke besorgen und Verpflegung einkaufen. Um den Baum würde sich diesmal Ernst kümmern.

Ilse ist meine längste und beste Freundin, wir sind schon gemeinsam in die Volksschule gegangen. Wir sind ein eingeschworenes Team und kein Weihnachts- oder Ostermarkt ist vor uns sicher. An diesem Tag hatten wir den traditionellen Christkindlmarkt vor dem Schloss Schönbrunn auf dem Plan. Um uns diese Idylle noch zu verschönern, zogen wir erst am späteren Nachmittag los, da die Beleuchtung und Stimmung noch viel schöner war, wenn es bereits dunkel wurde.

Der Schönbrunner Christkindlmarkt ist unser erklärter Favorit unter den vielen Weihnachtsmärkten Wiens. Schon der längere Spaziergang, wenn man den Zugang über das Hietzinger Platzl wählt, ist ein eindrucksvoller Genuss. Zu dem Schloss gehört ein riesiger Park mit kunstvoll geschnittenen Alleen, der von einer Vielzahl Eichhörnchen bewohnt wird. Die Tierchen sind durch die vielen Besucher, die ganzjährig in Horden durch die Anlage strömen, sehr zahm geworden und betteln gerne um Nüsse. Einige kennen gar kein Pardon, die klettern sogar an den Leuten hoch und durchsuchen die Jackentaschen. Wenn man also durch den Park in Richtung Weihnachtsmarkt spaziert, braucht es nicht viel Fantasie, um sich vorstellen zu können, wie Kaiserin Maria Theresia oder Kaiserin Sisi hier flanierten. Man kommt auch bei einem der Nebengebäude vorbei, in dem die alten Kutschen und Prunkwägen gehegt und gepflegt werden. Mit einem Wort, es ist der richtige Fleck, um der Gegenwart und der Hektik des modernen Alltags für ein paar Stunden zu entfliehen. Auf der anderen Seite des Parks liegt der Tiergarten, in dem auch Saskia einige ihrer Praktika absolviert hat, manche seiner Bewohner kann man bis hierher hören.

Es hatte in diesem Winter schon viel geschneit, daher war alles angezuckert und gleich noch einmal so schön. Bei jedem Schritt knirschte der Schnee unter unseren Sohlen. Ilse und ich waren in unserem Weihnachtszauber angekommen.

Es war herrlich: die Stimmung, die Gerüche, Chöre aus verschiedenen Bundesländern sangen traditionelle Lieder aus ihren Regionen. Als wir gerade eine Pause einlegten, bei einem guten Waldbeerpunsch den Chören lauschten und uns an unsere Kindheit erinnerten, begann es, riesengroße Flocken zu schneien, es war kitschig, aber auch fantastisch schön.

Mitten in diese malerische Idylle platzte ein Telefonanruf von Burkhard. »Servus, kannst du mir morgen helfen?«

Ich hatte meine Mühe, Burkhard trotz der Weihnachtslieder zu verstehen. »Helfen? Hast du helfen gesagt? Wobei?«

»Ich plane für morgen eine Rettungsaktion.« Knapper konnte man sich kaum ausdrücken.

»Kannst du vielleicht mit ein paar Worten genauer beschreiben, was du vorhast?«, versuchte ich mehr Informationen aus ihm herauszukitzeln, denn einfach nur so war ich nicht bereit, meine Weihnachtsvorbereitungszeit oder auch nur einen Teil davon aufzugeben.

»Ich möchte noch vor Weihnachten etwas Gutes tun und deshalb morgen nach Ungarn in eine Tötung fahren. Die haben aber eine Pro-Kopf-Regelung. Das heißt, man darf pro Kopf und Nase nur eine bestimmte Anzahl an Hunden rausholen, deshalb zählt jede Person, die mitfährt. Wir sind bis jetzt acht und fahren mit zwei Bussen, damit möglichst viele Hunde Platz haben. Außerdem könntest du uns den Doktor machen, das macht immer Eindruck, und es ist natürlich hilfreich, wenn wer die Hunde abhören könnte, wegen Zwingerhusten und so.«

»Logisch bin ich dabei. Wann holst du mich ab?« Da gab es für mich nichts mehr zu überlegen. Erstens war ich gerade in einer sentimentalen Stimmung und musste beinahe heulen, als ich an die vielen Hunde in den Tötungen dachte, und zweitens hat Leben retten immer oberste Priorität.

»Um sechs. Geht das?« Burkhards Stimme klang fast zögerlich.

»Ich stell mir gleich den Wecker, also bis morgen«, rief ich laut gegen den Lärm einer vorbeiziehenden Kinderschar an.

»Was ist los?«, fragte Ilse.

Ich erzählte ihr von der geplanten Aktion.

»Da mach ich mit, wenn ihr wollt.« Meine Ilse, spontan entschlossen und voller Tatendrang.

»Klasse, dann können wir beide noch zusätzlich mit deinem Auto fahren. Wenn du die Rückbank umlegst, bekommen wir auch noch einige Hunde hinein.« Ilse fuhr einen SUV, das passte gut. »Das einzige Problem ist, Abfahrt wäre um sechs Uhr morgens bei mir«, sagte ich zaghaft.

Ilse wohnte nämlich nicht in Wien und würde zu nachtschlafender Zeit aufstehen und zu mir fahren müssen.

»Für ein paar Hundeseelen tu ich das gerne.«

Wir entschlossen uns, nur noch einen gemütlichen Punsch zu trinken und dann bereits den Rückmarsch zum Auto anzutreten, damit wir morgen fit und unverkatert fahren konnten.

Zu Hause weihte ich Ernst in Burkhards Plan ein und erzählte, dass auch Ilse mit von der Partie war.

»Tolle Sache und passt auch noch so schön zum Fest. Mach nur und sag, was ich morgen statt dir erledigen kann.«

Was hatte ich nur für einen Mann und eine Freundin! Wenn man von einigen Sorgen und Nöten einmal absah, war ich eigentlich ein beneidenswert glücklicher Mensch.

Mir fiel ein, dass ich aus den Sachen, die Saskia wegwerfen wollte, einiges wieder aussortiert hatte. Darunter waren auch Sweatshirts und Fleecejacken von der Uni.

Wunderbar, dachte ich, die machen einen tollen Eindruck. Die Sachen waren dunkelblau und in großen weißen Buchstaben war darauf geschrieben: *Veterinärmedizinische Universität Wien*. Darüber sah man verschiedene Tierköpfe als Karikaturen. In der Früh würde ich mir noch die Hausbesuchstasche und ein Stethoskop aus der Praxis holen. Nicht kleckern, klotzen, hieß die Devise.

Am nächsten Morgen, es war noch stockfinster, trafen alle pünktlich ein. Burkhard war begeistert, dass auch Ilse sich dem

Rettungstrupp angeschlossen hatte. Nachdem sich alle einig waren, dass ich als »tierärztliche Betreuung« mächtig Eindruck machen würde, fuhren wir los.

Maria, Burkhards Frau, war ebenfalls dabei. Sie hatte Reiseverpflegung für uns alle dabei; Kaffee und Tee waren noch heiß, das tat gut und war auch nötig, denn niemand von uns war wirklich schon so richtig wach. Einen großen Korb mit belegten Broten und Kipferln hatte Maria auch noch. Die Gute musste bereits um drei Uhr früh aufgestanden sein und alles vorbereitet haben.

Die Fahrt dauerte vier Stunden, wir hielten nur einmal für eine Pinkelpause an. Vor Ort trafen wir eine ortsansässige Tierschützerin, die Burkhard und Maria von einigen anderen Aktionen bereits kannten. An und für sich sprach das ungarische Personal in der Tötung recht gut deutsch, aber falls es hart auf hart kommen oder irgendwelche Fachausdrücke vonnöten sein sollten, war es immer klug, einen Dolmetscher dabeizuhaben.

Wir schworen uns alle nochmals ein, da uns klar war, was uns erwartete. Die vielen armen Hunde, und wir mussten eine Auslese treffen. Das war hart für jeden von uns. Aber es galt diejenigen, die gesund waren, das hieß, die keine Seuchen oder dergleichen hatten, herauszubekommen und vor allem die, die bereits heute oder unmittelbar auf der Tötungsliste standen. Leider muss man bei solchen Aktionen immer viele andere mit schwerem Herzen zurückzulassen.

Dort angekommen, mieden mich die Wärter wie der Teufel das Weihwasser, anscheinend machten mein Auftreten und meine Kleidung Eindruck. Gut so, dachte ich mir, denn wenn mich einer blöd anmachte, würde ich mich nur schwer zurückhalten können.

Das Elend, das sich uns darbot, war schrecklich. Die Zustände der Zwinger furchtbar: ein paar rostige Metallstangen, durch die der eisige Wind zog, nackter, gefrorener Boden, kein Einstreu, keine Decken, nichts – und das bei dieser Kälte. Ab und an stand da eine Blechschüssel mit Wasser, das bereits zum Teil gefroren war.

Das Aussortieren der Hunde wurde eine Qual. Eigentlich durfte man pro Kopf nur zwei mitnehmen. Aber Burkhard zog plötzlich ein dickes Bündel Geld aus seiner Jacke und fuchtelte damit herum. Es mussten seine ganzen Ersparnisse sein. Er winkte die Tierschützerin her und sprach mit ihr, sie wiederum ging zu dem Chef der Truppe und gab das von Burkhard Gesagte anscheinend weiter. Ich konnte nichts verstehen, ich war zu weit weg und damit beschäftigt, die Hunde abzuhorchen.

Maria kam auf mich zu. »Bin ich froh, dass Burkhard so ein sturer Dickschädel ist.« Sie lächelte, als sie das sagte.

»Wieso, was ist?«, wollte ich wissen.

»Er hat sie mit einer Summe bestochen, da konnten die korrupten Schweine einfach nicht Nein sagen. Wir brauchen jetzt wirklich Platz. Können wir drei Leute zu euch ins Auto setzen und ein paar von den kleineren Hunden?«

»Ich denk schon, Ilse wartet draußen, sie hat es nicht geschafft, reinzugehen. Wieso, was ist denn jetzt der Stand der Dinge?«

»Wir nehmen mit, was wir irgendwie unterkriegen.« Marias Augen glänzten vor Glück. Platz in ihrer Tierpension gab es ja ohne Ende, und Fixplätze würden sich schon finden.

Burkhard baute seine Busse um, die Menschen brauchten es ja nicht bequem zu haben, und Transportkäfige hatte er auch genügend und in verschiedenen Größen mit. Also hörte ich Hunde ab, bis mein Stethoskop glühte.

Gabi war eine der Mitfahrenden, wir kannten uns recht gut. Sie hatte vor mir bei Babs gearbeitet, die beiden ließen kein gutes Haar aneinander, aus Gabis Sicht konnte ich das auch verstehen.

»Horchst mir den einen bitte gleich ab?«, bat sie und drückte mir einen Jack Russell Terrier in die Hand. Er war auf einem Auge offenbar blind und hatte verkrüppelte Vorderbeinchen.

»Mein Gott, wer bist denn du?« Meine Frage ging an den Hund, der noch zwischen schlechter Laune und Misstrauen schwankte, doch schnell begriff, dass von uns nichts Böses zu erwarten war.

»Antosz«, sagte Gabi mit hoffnungsvollem Ton in ihrer Stimme, »das wäre dann gleich meiner, wenn er gesund ist und wir ihn mitnehmen, ich hab mich in den Kerl verliebt.«

Ich hörte ihn ab.

»Von meiner Seite gibt es nichts einzuwenden, der kann mit«, stellte ich fest.

Gabi knuddelte ihren Antosz und zog fröhlich in Richtung Maria und Burkhard. Es war schön, in dem ganzen Elend so ein glückliches Gesicht zu sehen. Antosz hätte sicher keinen anderen Platz bekommen, halb blind und mit Krüppelbeinchen, niemand hätte ihn hier rausgeholt, wäre Gabi nicht gekommen.

Ich war auf dem Weg nach draußen, als ich im Augenwinkel in einer dunklen Ecke eines Zwingers etwas Kleines, Zusammengerolltes sah. Ich konnte nicht ausmachen, um was es sich dabei handelte, aber es ließ mir keine Ruhe und so ging ich in den Zwinger. Als ich das kleine gefleckte Ding aufhob und einmal drehte, erkannte ich einen Welpen, nicht älter als sechs bis acht Wochen, Rasse Französische Bulldogge. Saskia wünschte sich nichts sehnlicher als eine Bulldogge, am liebsten zwar eine Englische, aber unter diesen Umständen würde sie sicher einen kleinen Abstrich machen. Bulldogge ist Bulldogge, fand ich. Allerdings war noch die Hürde Gesundheitscheck zu nehmen. Ein Welpe, zu früh von der Mutter weg, in dieser Umgebung, bei dem Wetter – da war eine Seuche leider nicht auszuschließen. Ich untersuchte das kleine Mädchen, aber es fand sich kein Anzeichen einer ernsthaften Erkrankung. Ich steckte die Kleine unter meine wärmende Fleecejacke und ging nach draußen zu den anderen.

»Was schleppst denn da noch an?«, witzelte Burkhard.

»Saskias Weihnachtsgeschenk, das werden wir ja wohl noch unterbringen«, erwiderte ich ebenso fröhlich.

Wir alle waren glücklich, doch eine so große Zahl an Hunden gerettet zu haben, und trotzdem voller Wehmut wegen aller, die wir zurücklassen mussten.

Niemand beschwerte sich auf der Rückfahrt über akute Platznot. Und es war ein Glück, dass sich Ilse spontan dafür entschieden hatte mitzufahren, denn so war zusätzlich Platz für sieben kleine Hunde. Zwei der Transporter hatten wir bei Ilse hinter der Rückbank, drei standen zwischen den Mitfahrenden, darunter waren auch Gabi und ihr Antosz, und ich hatte noch einen bei den Beinen.

Ich habe bis heute keine Ahnung, wie Burkhard es geschafft hat. Keiner der Mitfahrenden musste zu Fuß nach Hause laufen. Er hatte die Transportkäfige so geschickt übereinandergestapelt, dass in den zwei Bussen und Ilses Auto vierzig (!) Hunde unterkamen. An diesem Tag war er mein Held und zugleich Santa Claus für die geretteten Hunde. Ich saß mit der Weihnachtsüberraschung auf dem Schoß da und schaute auf die vorbeiziehende Landschaft.

Endlich zu Hause angekommen, völlig erschöpft, aber sehr zufrieden, stürmte ich mit dem Welpen in meiner Jacke und eskortiert von unseren eigenen Hunden zu Ernst, der in der Küche stand und gerade Kaffee schlürfte.

»Schau!« Ich hielt ihm die kleine Dame unter die Nase.

»Was, wer ist denn das?« Ernst war völlig verdutzt. Da unsere Hunde so neugierig waren, setzte ich die Kleine auf den Boden, bevor ich Ernst die ganze Geschichte erzählte.

»Es ist einfach nur grandios, dass ihr vierzig Hunde dort rausholen konntet«, meinte er. »Ich bin stolz auf dich.«

»Einundvierzig«, sagte ich und zeigte auf die Kleine. »Du darfst sie jetzt taufen.«

Ernst hob sie zu sich hoch.

»Resi«, sagte er schnell entschlossen. »Die braunen Flecken auf dem weißen Fell und die großen runden Augen haben etwas von einer Kuh, deshalb Resi.«

Resi musste jetzt noch das Kaufmann-Ritual der Waschung über sich ergehen lassen. Als sie trocken war, band ich ihr eine rote Schleife um den Hals und rief Saskia an.

»Du Spatz, kannst du dir jetzt dein Weihnachtsgeschenk abholen kommen? Es lässt sich nämlich nicht verpacken und nimmt auch viel Platz ein«, versuchte ich, so unaufgeregt zu klingen, wie es nur ging.

»Was, heute noch?«

»Ja, wenn es geht, gleich.«

»Na gut, wir kommen noch rüber, aber da hab ich ja dann nichts unter dem Baum«, versuchte Saskia, die Sache vielleicht doch noch abzubiegen. Denn der Baum und die Geschenke darunter waren für mein ach so erwachsenes Kind noch immer das Highlight des Jahres.

Zehn Minuten später waren sie und Michael, ihr damaliger Freund, da. Sie schaute sich um und fragte: »Und? Ich seh ja nichts.«

Die Hunde kamen gerade aus dem Garten herein, Saskia fiel in dem ganzen Gewusel erst gar nichts auf. Doch dann sah sie die knallrote Schleife.

»Was ist das?«

»Frohe Weihnachten, mein Spatz. Das ist deine Resi, heute gerettet, gebadet und getauft.« Ich spürte, wie mir eine Träne über die Wange kullerte, die ganzen Emotionen des Tages kamen bei mir raus.

Saskia quietschte vor Freude, sie umarmte zuerst mich und dann Ernst, und vor lauter Glück schmatzte sie auch noch Michi ab, bevor dann Resi in den Genuss kam. »Danke, danke, danke, eine Bulldogge, meine Bulldogge!« Selten hatte ich meine Tochter so glücklich gesehen.

Schenken und damit andere glücklich machen ist das Schönste für mich, und wenn es dann noch meine Liebsten betrifft, bin ich selig. Ein Teil dieser Rettungsaktion gewesen zu sein, verdrängte auch ein klein wenig meine Traurigkeit darüber, dass es mein erstes Weihnachten ohne meine Oma war.

19

Fundgruben

So eine Tierarztpraxis ist auf verschiedene Arten eine Fundgrube. Oft werden Leinen und Halsbänder abgegeben, was bei mir immer wieder aufs Neue Verwunderung hervorruft, da es mir einfach schleierhaft ist, wie man diese Sachen tatsächlich verlieren kann. Leinen hängen für gewöhnlich am Tier oder um den Hals des Besitzers, und Halsbänder, die sollten einem doch abgehen, wenn man mit der Leine ins Leere klickt? Das Verwunderliche daran ist auch, dass nie zusammengehörige Stücke abgegeben werden.

Bei den Halsbändern hat man wenigstens die Chance, den Besitzer ausfindig zu machen, da an vielen noch vorschriftsmäßig die Marken hängen, mit Namen des Tieres und einer Telefonnummer darauf, falls das Tier verloren geht. Na ja, wie auch immer, wir haben mittlerweile einen eigenen Ständer, an dem die Leinen und Halsbänder hängen, dieser ist erstaunlicherweise immer mehr als gut gefüllt – anscheinend fehlen sie also niemandem.

Einmal jährlich veranstalten wir einen Flohmarkt, bei dem werden dann die nicht abgeholten Stücke veräußert. Mit den eingenommenen Geldern finanzieren wir unsere Tierschutzaktionen, wie zum Beispiel groß angelegte Katzenkastrationen. Dabei helfen Bauernhöfe und Pferdeställe mit, indem sie die Tiere einfangen, zu uns bringen und auch wieder abholen. Falls noch Geld übrig bleibt, spenden wir es an befreundete Tierschutzorganisationen oder kaufen Futter, das wir an bedürftige Tierhalter weitergeben.

Eine weitere häufige Fundsache ist das Pendant zu Halsband und Leine, sprich Hund oder Katze. Aber auch Vögel wurden uns schon vorbeigebracht. Eigentlich sollte man denken, dass es im Zeitalter des Erkennungs-Chips kein Problem mehr ist, einen Besitzer rasch ausfindig zu machen. Weit gefehlt, da es unter den Tierhaltern immer noch besondere Geisteskinder gibt, die ihr Tier zwar chippen lassen, es dann aber versäumen, den Chip und das Tier zu registrieren. Wir sind in unserer Praxis deshalb dazu übergegangen, den Registrierkram im Zuge des Chippens einfach selbst zu übernehmen.

Aber da nicht alle Tiere, die verloren gehen, zu unseren Patienten zählen, deren Halter wir persönlich kennen, gibt es immer wieder Hunde, die stundenlang bei uns zu Gast sind. Hunde, die sich entweder langweilen – deshalb Zäune untergraben oder durchbeißen – und anschließend einen Ausflug machen, oder auch Nichtkastrierte, die ihren natürlichen Trieben folgen.

Reizend sind auch die Damen des benachbarten Pensionistenwohnheims. Die streunen ebenso gerne wie die Katzen in unserer Siedlung herum. Treffen Pensionistin und Katze aufeinander, dann sehen sich die Damen gerne dazu gezwungen, die Katze einzufangen, da sie der festen Überzeugung sind, dass diese von zu Hause fortgelaufen wäre. Erklärungsversuche meinerseits sind ihnen wurscht.

Ein kleiner Fortschritt ist, dass die älteren Damen die Katzen jetzt bei uns abgeben und nicht mehr ins Tierschutzhaus bringen. Der Grund liegt auf der Hand; das Tierschutzhaus, das früher in unserer Gegend war, ist vor einiger Zeit übersiedelt und befindet sich jetzt außerhalb Wiens.

Ein Glück war das auch für Madame Mim. Mim war die Katze eines meiner Nachbarn. Das arme Tier landete regelmäßig – zumindest einmal im Monat – im Tierschutzhaus. Da auch dort viele anscheinend Kopflose arbeiten, wurde sie immer wieder aufs Neue aufgenommen, registriert und auch jedes Mal gegen alles Mögliche geimpft. Susi, meine Nachbarin, musste jedes Mal eine ganz anständige Summe zahlen, um Mim wieder mit nach Hause nehmen zu können. Obendrein war es für die Katze eine unnötige Tortur, und das häufigere Impfen ist auch nicht gesund. Man kann leider die Herrschaften des Tierschutzhauses nicht in Schutz nehmen, indem man behauptet, dass es ja so viele Katzen gibt, die sich ähneln, denn Mim war ein selten schönes Exemplar einer Siamkatze, die sollte man schon immer wieder erkennen.

Einer der lustigsten Gesellen, die jemals bei uns abgegeben wurden, war ein Sittich. Der kam bei jemand aus unserer näheren Umgebung angeflattert und wurde kurzerhand eingefangen und zu uns in die Praxis gebracht. Uns blieb nichts anderes übrig, als ihn in einen Käfig zu stecken und abzuwarten, ob sich sein Besitzer meldete. Dieser Vogel beobachtete mich den halben Tag; immer wenn ich an ihm vorbeiging, schenkte ich ihm entweder ein Lächeln oder ein paar tröstende Worte. Als ich wieder bei ihm vorbeiging, pfiff er mir nach. Ich ging zu ihm zurück und fragte ihn: »Was gibt's?«

Er sah mich an und antwortete überraschend deutlich: »Heiße … Bobby Salaquarda … wohne Rauchgasse … 21a.«

»Was?« Ich war so perplex, dass er sprach – immerhin war er ein Sittich –, dass ich gar nicht so recht wahrnahm, was er gesagt hatte.

»Heiße Bobby Salaquarda … wohne Rauchgasse … 21a«, behauptete er abermals.

Lachend rief ich Babs. Auch sie war mordsmäßig erstaunt und amüsiert.

»Du, das ist gleich um die Ecke bei meiner Oma. Nach der Sprechstunde fahr ich zu ihr, da nehm ich Bobby mit und bring ihn nach Hause«, erklärte ich Babs.

»Eine gute Idee, da ist dir wenigstens nicht fad, kannst dich ja mit dem Vogel unterhalten«, witzelte Babs.

Am Abend brachte ich Bobby nach Hause. Seine Besitzerin war überglücklich und erklärte mir, dass sie so in Sorge gewesen war, denn Bobby flog immer wieder gerne aus, kam aber auch stets zurück. Mich interessierte vor allem, wie sie dem Vogel das Sprechen beigebracht hatte, denn das war für die Gattung Wellensittich doch mehr als ungewöhnlich.

»Junge Frau, das war jahrelanges Training. Ich sagte es ihm Tag für Tag stundenlang vor und eines Tages sprach er es plötzlich nach. Allerdings ist es leider das Einzige, was er sagen kann«, erzählte mir Frau Salaquarda. Trotzdem ein Glück, wie sich an jenem Tag zeigte.

Eine weitere Fundgrube, besser gesagt eine Art Minifundgrube befindet sich in den Tieren – ja, richtig gehört!

Darmverschluss-Operationen stehen bei uns quasi auf der Tagesordnung und auch dafür fehlt mir das gewisse Maß an Verständnis. Wenn man weiß, dass man einen lebenden Müllschlucker beziehungsweise eine Biotonne auf vier Beinen am anderen Ende der Leine hat, dann ergreift man doch entsprechende Maßnahmen, wie das einfache Zulegen eines Maulkorbs. Sollte man jedenfalls meinen.

Bei der Gattung Biotonne kommt es zwar zu keinen Darmverschlüssen, aber viel Unbekömmliches oder gar Giftiges landet in diesen Hunden und das kann fallweise sogar letal enden.

Im Typ Müllschlucker sind Dinge zu finden, das glaubt man nicht, wenn man es nicht mit eigenen Händen herausgeholt hat. Dinge, die entweder Kopfschütteln oder Erstaunen hervorrufen, wenn man sie nach der Operation den Besitzern zeigt. Manchmal kommt es sogar zu einem Anflug von Empörung, so als würden *wir* die Sachen in ihre Tiere hineinstopfen. Und zuweilen ruft es auch eine gewisse Art von Scham hervor, wie etwa die roten Wangen einer Besitzerin, als wir sie fragen mussten, ob sie ihren Stringtanga wieder zurückhaben wolle.

Weitere Fundstücke aus den Tiefen verschiedener Hunde: Barbieschuhe, Barbieschmuck und auch gerne das eine oder andere Barbiekleidungsstück, welches bereits verzweifelt gesucht wurde. In Haushalten, die neben dem Hund auch kleine Mädchen beherbergen, findet sich so etwas immer wieder gerne. Meist wird das Verschwinden des jeweiligen Gegenstandes mit der Unordnung der Mädchen in Verbindung gebracht und nicht mit dem Hund. Wenn Jungs in der Familie zu finden sind, werden auch Playmobilfiguren, LEGO-Steine, Matchboxautos und Spielzeuge oder Teile davon, die eindeutig aus Überraschungseiern stammen, verschluckt.

In Hunden aus sportlicheren Haushalten finden sich unter anderem Schnürsenkel von Turnschuhen oder auch Teile der Schuhe selbst, halbe Tennisbälle, Tennissocken und dergleichen.

Es wird mir ein ewiges Rätsel bleiben, wie das schlucktechnisch zu bewältigen ist, gerade bei Socken. Socken werden ja auch nicht immer gleich vermisst, denn wir alle haben diese Socken verschlingenden Waschmaschinen, denen es natürlich zuerst in die Schuhe geschoben wird, falls eines der Paare nicht mehr komplett ist.

Hunde von weiblichen Haltern bevorzugen, wie schon erwähnt, Stringtangas und Nylonstrumpfhosen. Einmal fanden wir auch ein Fläschchen Nagellack mit der Nummer 136 Peacock Coquette, ein grässliches Blaugrün, in einem Golden Retriever. Zugegeben, die Form des Fläschchens ließ sich leicht schlucken, deshalb rieten wir der Besitzerin, auf Michael-Kors-Lacke umzusteigen, da diese Fläschchen weniger leicht zu schlucken seien. Babs und ich meinten das scherzhaft, aber die Frau nahm uns beim Wort.

Bürohunde hingegen bevorzugen Metallfedern und andere Teile von Kugelschreibern, Radiergummis und Büroklammern.

Nicht zu vergessen ist der Archetyp unter den Müllschluckern, der Recycler. Er probiert gerne alles aus, was sich so auf den Straßen und in den Wäldern finden lässt. Darunter fallen unter anderem Steine, Glasscherben, Dosenverschlüsse, Kronkorken, zusammengeknüllte Alufolienbälle und überhaupt Reste jeglichen Verpackungsmaterials.

Katzen tendieren eindeutig in großer Zahl – man könnte meinen, einem Katzenfetisch auf die Spur gekommen zu sein – zu gewöhnlichen Gummiringerln und Haargummis.

Wie eingangs bereits erwähnt: Wenn ich es nicht eigenhändig aus den Tieren gefischt hätte, würde ich es nicht glauben.

Auch sehr gut befreundete Hunde mit aufgeklärten Frauchen bilden, was das obskure Naschverhalten betrifft, keine Ausnahme.

Es war ein ruhiger Tag in unserer Praxis, ich hörte nur am Klang des Windspiels, das oberhalb der Eingangstüre hing, dass jemand gekommen war. Babs und ich hielten uns im Garten auf und stutzten ihre Hecken, da sonst nichts los war.

»Kundschaft«, bemerkte ich und ging schon mal vor.

»Ruf mich, falls du mich brauchst«, gab Babs mir mit auf den Weg.

Als ich den Warteraum betrat, fand ich meine Freundin Ilse vor, total aufgeregt und erschöpft.

Ilse, selbst nur knapp einssechzig groß, hatte ihren sehr großen Schäfermischling, der knapp dreißig Kilo wog, in die Praxis getragen. »Dem Teddy geht es schlecht, ich glaub …« Sie konnte vor Aufregung gar nicht richtig sprechen.

»Beruhig dich mal, Mäuschen, was ist denn passiert?«, versuchte ich, meine beste Freundin etwas runterzuholen.

»Es ist meine eigene Schuld, das verzeih ich mir nie. Ich dachte, ich hätte alles unerreichbar hingestellt …« Ilse versuchte, sich zu beherrschen, sie war den Tränen nahe.

»Nun mal langsam und der Reihe nach, was hat er denn erwischt?« Vielleicht kamen wir ja mit Fragen nach Fakten zum Ziel.

»Armin hat doch heute Geburtstag. Ich hab schon in der Früh vieles hergerichtet; einen Haufen Lammkoteletts gebeizt und ein

Hendl zum Auftauen rausgelegt. Und die Kerzen und diese kleinen Kerzenhalter für die Torte, um zu sehen, ob ich auf dem Nachhauseweg noch welche besorgen muss. Gott sei Dank hatte ich heute nur bis Mittag Dienst, und als ich nach Hause kam, lag er da. Ich hab so, wie du es mir gezeigt hast, den Kreislauf gecheckt und da war er schon ganz blass im Maul. Ich hab ihn gleich geschnappt und bin hergefahren«, erzählte Ilse.

»Okay, keine Panik, wir kümmern uns um ihn. Geh rauf in den ersten Stock, nimm dir etwas zu trinken. Ich komm, wenn ich mehr weiß.«

Ilse ging von Selbstvorwürfen geplagt die Treppe hoch.

»Du, Ilse, den wievielten Geburtstag feiert Armin heute?«, rief ich ihr noch nach.

»Den siebzehnten, warum?«

»Damit ich weiß, nach wie vielen Kerzenhaltern wir suchen müssen, also nach achtzehn, nehm ich an, wegen dem Lebenslicht.«

»Genau!«

»Babs, komm«, rief ich in Richtung Garten, während ich Teddy schon in den Röntgenraum trug.

»Was ist los? Oje, der schaut ja gar nicht gut aus. Was ist passiert?«

»Biotonnen-Müllschlucker-Mischling in Action. Der gehört meiner besten Freundin. Ich hab sie raufgeschickt, ich hoffe, das geht in Ordnung?«

»Klar, kein Problem. Na, dann lass uns nachschauen, was da alles drin ist und vor allem wo. Wann ist das passiert?«, wollte Babs wissen.

»Kann man nicht so genau sagen, irgendwann zwischen sieben Uhr früh und zwei Uhr am Nachmittag, also können schon Teile davon im Darm sein. Ob er gekotzt hat oder nicht, kann ich nicht sagen. Als Ilse ihn gefunden hat, ist sie gleich her.«

Wir hängten ihm eine Infusion an, damit der Kreislauf wieder in die Gänge kam, machten ein Röntgenbild mit Kontrastmittel und nahmen ihm ein bisschen Blut ab. Eingespielt wie wir waren, ging das alles wie am Schnürchen.

Wie sich auf den Röntgenbildern zeigte, bewegte sich das Kontrastmittel nicht weiter, das hieß, das Zeug steckte nach dem Magenausgang fest.

»Trifft sich doch wieder einmal perfekt, dass heute nichts los ist. Häng doch das Schild *Notfall-Operation* an die Türe«, ersuchte mich Babs.

»Mach ich, und ich sag Ilse noch kurz Bescheid, bin gleich wieder da.«

Teddy lag vor uns auf dem Tisch, und Babs begann, ihn zu öffnen.

»Gibst' mir mal den Speiseplan durch, damit wir wissen, nach was wir alles suchen müssen?«

»Achtzehn Kerzen, die uns nicht sorgen müssen, die gehen ja gut durch, dem Paraffin sei Dank. Achtzehn dazugehörige Kerzenhalter, rund ein Kilo Lammkoteletts und ein gefrorenes Hühnchen, das, wie ich annehme, mittlerweile aufgetaut ist.«

»Unglaublich, was die Hunde so alles verdrücken. Und dass sie es nicht einmal nach dem ersten Kerzenhalter gut sein lassen – lecker kann der doch nicht sein. Bitte, das Fleisch versteh ich noch«, schüttelte Babs den Kopf. Wir operierten Teddy zwei Stunden lang und füllten drei Nierenschalen mit Kerzenhaltern, Stückchen der Kerzen und Knochenresten von Lamm und Huhn. Als wir ihn wieder zugemacht hatten und er zum Aufwachen im Nebenzimmer auf einer Decke lag, holte ich Ilse.

»Ich nehme mal an, dass du die Kerzenhalter nicht mehr zurückhaben möchtest? Ich empfehle zukünftig Zahlenkerzen, die gehen von alleine durch und wieder raus«, sagte ich scherzhaft zu Ilse, um ihre Laune wieder zu heben.

»Nein danke, die darfst du entsorgen. Geht's ihm gut?«

»Ja, es geht ihm gut, wir warten noch, bis er aufwacht, und dann darf er nach Hause, muss aber heute Diät halten.« Auch Babs versuchte mit dem kleinen Scherz, Ilse aus ihrem Schockzustand zu holen.

»Komm, jetzt trinken wir einen Kaffee und setzen uns in den Garten, da können wir gleich hören, wenn er sich rührt. Ist ja alles gut gegangen. Jetzt weißt du, dass du einen Müllschlucker-Biotonnen-Mischling hast, und so etwas wird dir sicher nicht noch einmal passieren. Und wenn du nach Hause fährst, nimmst du halt aus der Pizzeria ein paar Pizzen mit, die eignen sich bestens für eine Teenagergeburtstagsfeier und die Pizzaschachteln sind zudem noch leicht verdaulich.« Ich legte meinen Arm um Ilses Schultern und ging mit ihr in den Garten hinaus, Babs war so nett und machte für uns alle Kaffee.

»Du bist so blöd.« Ilse konnte wieder lachen und gab mir ein Küsschen auf die Wange.

Eine Stunde später waren Ilse und ihr Teddy bereits wieder auf dem Weg nach Hause. Und Ilse verwendet seitdem ausschließlich Zahlenkerzen.

20

Aktion Hundeführschein

Wien wurde erschüttert von der Nachricht, dass ein Hundeführschein eingeführt werde und mit ihm auch gleichzeitig eine Rassehundeliste. Als hätte die Politik keine anderen Sorgen.

Nach langen Recherchen fand ich heraus, dass die dafür verantwortlich zeichnende Dame ein Kindheitstrauma hatte. Und nun können wir Hundebesitzer die damit verbundenen Schikanen ausbaden. Als wäre die völlig überzogene Hundesteuer in Wien noch nicht genug. Die Aufregung und Streitereien begrenzten sich deshalb auf Wien, da bei uns in Österreich jedes Bundesland seine eigenen Regelungen trifft. Wien kam durch besagte Dame aus der Politik dadurch zum Handkuss. Die Steuer wurde erhöht und ab dem zweiten Hund wurde es noch teurer. Es wurden Geldstrafen eingeführt, falls jemand die Hinterlassenschaften seines Hundes nicht entsorgt, und eben die Rassehundeliste mit dem Hundeführschein.

Die Einführung dieser Liste spaltete die bis dahin eingeschworene Gemeinschaft der Hundebesitzer in zwei Lager. Diejenigen, die einen sogenannten »Listenhund« besaßen, wurden für das Schlamassel verantwortlich gemacht. Denn ab diesem Zeitpunkt wurde man in Wien als Hundebesitzer quasi zu einer Persona non grata. Die Listenhundebesitzer wiederum beklagten sich darüber, welcher Hund als solcher galt und welche Rassen nicht. Sie veröffentlichten Statistiken, die besagten, dass es mit Golden Retrievern zu viel mehr Zwischenfällen gekommen sei als mit den blackgelisteten Rassen.

Diese ganzen Auseinandersetzungen waren natürlich auch bei uns in der Praxis immer wieder Thema. Babs und ich beschlossen, uns nach Sprechstundenende zusammenzusetzen und zu überlegen, was wir tun konnten, um diesen Grabenkrieg zu beenden oder zumindest etwas zu beruhigen.

»Natürlich haben alle recht. Diejenigen, die keinen Listenhund haben, weil es wirklich so geworden ist, dass man schief angesehen wird, sobald man eine Leine in der Hand hält. Aber auch die Rasseliste hat etwas Willkürliches«, eröffnete ich unsere abendliche Denkwerkstatt. Wir saßen bei Babs oben auf dem Balkon.

»Völlig idiotisch ist auch die Regelung an und für sich. Nehmen wir an, dass ein Ehepaar zwei Listenhunde hat. So müssen beide Ehepartner für beide Hunde extra einen Führschein machen. Also vier Führscheine für ein Paar mit zwei Hunden«, warf Babs ein.

»Denken wir das mal zu Ende. Konstruieren wir den Fall, dass sich die Frau das Bein bricht und der Mann zur selben Zeit ans Bett gefesselt ist, weil er die Grippe hat. Was dann? Wer geht mit den Hunden Gassi? Das darf nicht einfach jemand sein, der im Besitz eines Hundeführscheins ist, sondern der müsste zusätzlich für genau diese beiden Hunde zwei Führscheine machen! Is' des deppat oder is' des deppat?«, gab ich exemplarisch zu bedenken.

»Da sieht man wieder, wie fein die Politik Sachen zu Ende denkt, bevor sie etwas beschließt. Wie soll das funktionieren? Soll jeder in der Familie und wenn's geht auch noch die engsten Freunde rein auf Verdacht für jeden Listenhund in der Umgebung den Hundeführschein machen? Ist ja schon hirnrissig genug, das Beispiel von dem Ehepaar mit zwei Listenhunden.« Babs tippte sich auf die Stirn.

»Ja, und ganz abgesehen von den Ausnahmen. Also du als Tierärztin brauchst ihn zum Beispiel nicht zu machen, aber ich schon. Was befähigt dich, jetzt nur so als Denkmodell, also was befähigt dich mehr als mich? Nur weil du einen verdorbenen Magen diagnostizieren kannst? Tiertrainer, als gäbe es da nicht genug, die keine Ahnung von Hundeerziehung haben und deren Methoden mehr als fragwürdig sind, brauchen auch keinen Führschein zu machen. Da ist es ja fast gescheiter, jeder macht einen Kurs und lässt sich zum Tiertrainer ausbilden und darf somit mit jedem Listenhund auf die Straße.« Ich griff nach meinen Zigaretten, das Thema regte mich doch sehr auf.

»Da haben wir noch gar nicht die Kosten mitbedacht, die auf die Menschen zukommen. Ich hab mir auch die Prüfungskriterien angesehen, das braucht nur blöd zu laufen, weil der Hund in eine Situation gestellt wird, in die er sonst nie kommt, oder da ist auch eine Übung dabei, da werden sicher viele Hunde reagieren. Was ist dann, wenn die durchfallen? Es wird eine Flut geben an Listenhunden, die in den Tierheimen landen. Für die Prophezeiung brauch ich keine Kristallkugel. Ich hol uns ein Glasl' Wein, sonst dreh' ma no durch.« Babs verschwand kurz in die Küche und ich starrte in den klaren Abendhimmel.

Als Babs mit den beiden Gläsern zurückkam, saßen wir beide eine Zeit lang schweigend nebeneinander und hingen unseren Gedanken nach. Babs' Lachen unterbrach die Ruhe.

»Hihi, du kennst doch den blöden Polizisten, der bei uns immer herumpatrouilliert. Na was glaubst', der wird sich aufführen wie der Sheriff, der sekkiert doch jeden, wo er nur kann, für den ist das ein gefundenes Fressen. Allerdings, wenn er es übertreibt, wird er aufpassen müssen, dass ihm nichts geschieht, wenn's finster ist«, gluckste Babs.

»Da kannst' recht haben, aber was tu' ma?«

»Ich hab keine Ahnung. Ich weiß nur, wir müssten die Chance nutzen und jetzt was machen, solang noch die Übergangsfrist gilt.«

Minuten des Schweigens folgten.

»Sag, du hast doch einen super Draht zum Doktor Klein, dem Hauptoberbeauftragten unter den Veterinären. Was ist, wenn wir mit seiner Unterstützung eine Sonderaktion veranstalten?«, kam mir die Idee.

»Und was stellst' dir vor?«

»Eine Aktion für unser ganzes Grätzl, kostenlos den Führschein zu machen. Der Burkhard ist sicher auch für die Aktion zu gewinnen, der könnte mit den Leuten vorab trainieren und mit ihnen die Testfragen durchgehen. Den Test selbst könnten wir bei uns in der Praxis durchführen, den könnte der Doktor Klein beaufsichtigen, und der Teil der Prüfung, der beim Tierarzt durchzuführen ist, der geht gleich in einem Aufwasch.«

»Klingt nicht schlecht. Und wir hätten auch wirklich alles in der Nähe für alle Prüfungsteile: die Straßenbahn, unten das Einkaufszentrum mit Parkplatz, das würd gut passen. Sag, schreibst du noch für die Bezirkszeitung?«, fragte Babs.

»Ja, wieso?«

»Wenn du noch einen Artikel darüber schreibst, dann wäre das eine gute Werbung für die Aktion und auch für die Praxis. Und von der Aktion selbst kannst du dann auch noch einen machen. Du, ich ruf den Burkhard gleich an und frag ihn, ob er mit an Bord ist.«

Natürlich war Burkhard dabei. Die nächsten zwei Wochen planten wir den Ablauf und kümmerten uns in jeder freien Minute um die Organisation. Wir legten auch Anmeldelisten in der Praxis aus. Und dann kam es: Nach dem Erscheinen meines Artikels in der Bezirkszeitung brach eine Flut an Anmeldungen über uns herein. Eigentlich hatten wir es als einmalige Aktion geplant. Aber nun mussten wir drei Wochenenden daraus machen, mit jeweils zwei Terminen samstags und sonntags, so viele Anmeldungen hatten wir. Allein vier Tage waren wir damit beschäftigt, die Anmeldelisten zu sortieren und die Teilnehmenden auf die verschiedenen Termine aufzuteilen.

»Schau mal, wer sich da angemeldet hat.« Babs fuchtelte mit einer der Listen vor meinem Gesicht herum.

»Der Makhart, i' glaub's ja net«, war ich tatsächlich verwundert. Es war der Polizist, der für unsere Siedlung zuständig war und hier immer Streife ging.

»Weißt du, was mir die ganze Zeit beim Durchschauen der Listen den Angstschweiß auf die Stirn getrieben hat?«, fragte mich Babs.

»Nein, sag, was.«

»Dass die Kira von den Flodders auf einer der Listen steht«, grinste mich Babs an.

»Bitte sei so gut. Das hätt' noch gefehlt.«

Ein netter Nebeneffekt war, dass sich zumindest bei uns in der Umgebung Solidarität unter den Hundebesitzern breitmachte. Sogar Menschen mit Dackeln, Chihuahuas und Jack Russell Terriern machten den Führschein freiwillig. Den anfangs konstruierten Fall des Ehepaars mit zwei Listenhunden hatten wir insgesamt fünf Mal.

Die ersten beiden Wochenenden waren ein voller Erfolg, alle bestanden tadellos und ohne Probleme. Am letzten Wochenende wies eine kleine Terrier-Dackeldame alle in die Schranken, sie sorgte für Ordnung unter all den Dobermännern, Rottweilern und Staffordshire Bullterriern. Ein amüsanter Anblick, wie alle ihr gehörig Respekt zollten. Babs hatte sich bereit erklärt, als gutes Beispiel voranzugehen und ebenfalls den Hundeführschein zu machen, obwohl sie das nicht musste.

Tyson, der Rhodesian Ridgeback von Babs, kam bei einem der Prüfungsteile ins Schleudern, sehr zum Vergnügen von Burkhard. Er hatte Tyson oft zu Gast in seiner Tierpension und kannte seine Macken. So wie ich die Lage beurteilen konnte, war er auch der Einzige, auf den Tyson hörte. Babs war die Situation etwas peinlich, aber auch sie bestand schlussendlich.

Nur einer hatte massive Schwierigkeiten, mit seinem Hund alle Prüfungsteile zu absolvieren: Herr Makhart. Er und sein Deutscher Schäferhund hatten bei jedem Teil Probleme. Herr Makhart, der immer so unfreundlich war und keine Gelegenheit ausließ, einem das Leben schwer zu machen, gerade ihn schleuderte es gewaltig. Doch die Gemeinschaft der anderen Hundebesitzer unterstützte ihn und seinen Hund, wo es nur ging, nur so kam er gerade noch in den Besitz eines Führscheins. Das wäre eine Blamage erster Güte gewesen, wenn er durchgerasselt wäre. Wahrscheinlich hätte er sich versetzen lassen, kaum jemand hätte ihn mehr ernst genommen. Aber ihm tat die Erfahrung anscheinend gut. Ab sofort war er ein freundlicher Zeitgenosse, der schon mal ein Auge zudrückte.

Nichtsdestotrotz war und sind der Hundeführschein und die Rasseliste aus meiner Sicht ein gewaltiger politischer Unfug und eine reine Schikane.

Auch Babs sollte leider mit ihrer Vorahnung recht behalten. Mittlerweile gehen die Tierschutzhäuser über vor Listenhunden, kaum andere Rassen sind dort zu finden. Die Listenhunde gelten von vornherein als nicht vermittelbar, und kurz vor Fertigstellung des Buches gab es einen Aufnahmestopp in den Tierheimen. Sie haben einfach ihre Türen geschlossen und nehmen keine Hunde mehr auf. Jetzt sind auch private Tierschutzorganisationen bereits völlig überfordert, da ihre Kapazitäten noch weitaus geringer sind. Nicht auszudenken, wo das noch hinführen wird.

Leider legen sich meist die besonderen Geisteskinder unter uns Listenhunde zu und denken nicht daran, den Hundeführschein zu machen. Wenn sie dann ohne diesen erwischt werden, wollen sie die Tiere nur noch schnell wieder loswerden. Oder sie wachsen ihnen über den Kopf, weil sie keine Ahnung von der Erziehung haben, sondern den Hund nur als Statussymbol sehen und ihn aggressiv werden lassen, bis unvermeidlich Probleme auftauchen.

Bereits jetzt denkt man über Tötung nach, zwar noch leise und hinter vorgehaltener Hand, aber der Gedanke schwebt bereits herum. Ein weiterer Gedanke der Politik ist, die Haltung eines Hundes, der aus einer ausländischen Tötungsstation kommt, unter Strafe zu stellen, und dem Besitzer das Tier abzunehmen. Was dann? Werden bei uns ebenfalls staatliche Tötungsstationen eingerichtet?

Und wieder sind wir vom Tierschutz gefragt. Wir versuchen händeringend, Lösungen zu finden, damit das Schlimmste vermieden werden kann. Irgendwer muss der Anwalt dieser unschuldigen Seelen sein, irgendwer muss sich für Moral, Ethik und dergleichen einsetzen, irgendwer muss hinaus in die Welt und hinein in die Köpfe der Menschen brüllen und die Botschaft verbreiten, dass es so nicht geht. Der Mensch darf sich nicht über alle anderen Lebewesen hinwegsetzen, sie für seine Zwecke benutzen oder sie töten, wenn sie ihm nicht passen.

Und dieser Irgendwer, der sich dagegenstellt, bin ich – und hoffentlich auch Sie. Denn erst, wenn der letzte Hund getötet wurde, wird der Mensch erkennen, dass er selbst das Problem war.

21

Fronleichnamsprozession

Im Grunde war es ein total ereignisloser Tag in der Praxis. Es tat sich gar nichts. Vielleicht lag es am Wetter, es war ein strahlend schöner Frühsommertag.

Nina war für ein paar Tage nach Wien gekommen und besuchte mich in der Praxis, da sie Zeit übrig hatte und ihr langweilig war. Eigentlich waren wir erst zum Abendessen verabredet. Eine wirkliche Unterhaltung konnten wir allerdings nicht führen, da Babs dauernd mit dämlichen Fragen nervte, wie: »Na, wie ist denn die Arbeit in Bremen?« – Als würde es einen Unterschied machen, ob man in einer Tierarztpraxis in Wien oder in Bremen steht.

Aber Nina gab durchaus die passenden Antworten: »Nicht viel anders, außer dass die Fisch' alle schon tot sind«, sagte sie kurz angebunden. Das hielt allerdings Babs nicht davon ab, weiter sinnloses Zeug zu fragen.

Mein Gott, wie gern kann man sich selber reden hören, dachte ich bei mir. Selten war ich so froh darüber, dass das Telefon läutete.

»Kleintierpraxis, guten Tag, wie kann ich Ihnen helfen?«, meldete ich mich mit meinem üblichen Spruch.

»Können Sie bitte jetzt sofort auf einen Hausbesuch kommen, dem Rudi geht's gar nicht gut«, tönte es aus dem Hörer.

»Was hat denn der Rudi?« Ich wollte sichergehen, dass es sich wirklich um einen Notfall handelte.

»Der Rudi? Was ist mit ihm?«, quatschte Babs schon wieder dazwischen.

»Das versuche ich gerade rauszubekommen«, zischte ich sie an.

Babs Verhalten kannte ich leider zur Genüge, deshalb wiederholte ich alles, was ich erfuhr, laut, sodass sie es hören konnte. Ansonsten wäre ich blöd geworden, wenn mich ein besorgter Tierbesitzer auf der einen Seite zuredete und Babs mich mit Fragen aller Art auf der anderen Seite.

»Also, was ist denn mit dem Rudi?«

»Ich weiß nicht, er schnappt nach Luft und liegt auf der Seite, ich möchte ihn nicht bewegen, deshalb hätte ich es gerne, dass Sie herkommen.« Der Besitzer klang verzweifelt.

»Bleiben Sie mir bitte einen Moment dran, ich kläre das«, ersuchte ich den Herrn.

Da Babs den Rudi offenbar kannte, fragte ich nicht viel weiter.

»Machen wir den Hausbesuch? Nina kann ja so lange die Stellung halten«, wollte ich von Babs wissen. Ich schaute kurz zu Nina, die nickte bejahend.

»A gute Idee, mach'n wir, ich mach den Hausbesuchskoffer fertig. Was der bloß hat, der Hund ist noch nicht so alt«, sagte Babs und verschwand, um den Koffer zu holen.

»Ja, wir kommen jetzt gleich, geben Sie mir bitte sicherheitshalber Ihre Adresse«, ersuchte ich den aufgeregten Mann. »Ah ja, das ist eh bei uns in der Siedlung«, bestätigte ich ihm, als er mir seine Adresse gab, und legte auf.

Wie aus einem Mund sagten Babs und ich: »Da können wir zu Fuß hingehen.«

»Ich weiß eh, wo es ist, nimmst du den Koffer.« Babs schob sich an mir vorbei in Richtung Türe.

»Nimmst du den Koffer« war keine Frage, denn sie trug selten etwas.

»Ach Nina, falls du die Medikamente suchst für …«

In diesem Moment unterbrach ich Babs, da ich wusste, jetzt würde eine Praxiseinführung kommen: »Erstens ist nichts los und zweitens gibt es hier so viele Schränke auch nicht, dass sie stundenlang suchen müsste, sie wird schon alles finden«, schob ich sie zur Türe hinaus.

»Also mir nach, ich weiß, wo wir hinmüssen!« Babs hatte schon wieder ihren Befehlston drauf, den ich so gar nicht leiden konnte.

»Jawohl, Frau Oberförster«, gab ich stramm zurück.

»Du bist so blöd«, kam von ihr zurück.

Babs legte ein Tempo vor, man hätte glauben können, sie wäre auf der Flucht. Wie immer zückte sie dabei ihr Handy und telefonierte.

»Ich glaube, wir müssen hier links hinauf«, versuchte ich ihr zu übermitteln. Aber Babs reagierte nicht und redete wie ein Wasserfall in das Telefon. Plötzlich machte sie halt und klingelte an einer Haustüre. Niemand öffnete.

»Ich denk, das ist ein Notfall?« Sie drehte sich zu mir um und schaute mich fragend an.

»Ja schon, aber nicht hier«, erklärte ich.

»Aber da wohnt ja der Rudi.« Ihr Ton war wieder bestimmend.

»Das mag sein, aber der Mann gab mir eine andere Adresse. Ich sagte doch vor ungefähr hundert Metern, dass wir links hinauf gehen müssen«, stellte ich fest.

»Hab ich nicht gehört. Na dann gehen wir halt. Was ist das denn für ein Tier?«

»Weiß doch ich nicht! Du hast die ganze Zeit gesagt, dass du den Besitzer kennst.«

Wenige Minuten später standen wir vor dem richtigen Haus. Ich hatte noch nicht einmal den Finger von der Klingel genommen, da öffnete auch schon der aufgeregte Herr die Türe.

»Gott sei Dank, es geht ihm wirklich nicht gut. Kommen'S rein und gehen'S gleich weiter durch, er ist im Wohnzimmer.«

Babs und ich nahmen Kurs auf das Wohnzimmer, wir blickten beide automatisch zu Boden. Es war niemand zu sehen, weder Katz' noch Hund. Wir warfen uns gegenseitig einen fragenden Blick zu.

»Wo ist er denn, der Rudi?«, fragte ich.

»Na da, auf der Anrichte«, antwortete der Mann und zeigte in Richtung einer antiken Kommode.

»Schaun'S, er liegt schon auf der Seite«, gestikulierte der Mann wild.

Wir beide waren der festen Überzeugung gewesen, dass es sich um einen Hund oder eine Katze handelte. Schwere Atmung, Seitenlage, das klang für uns nach einem Notfall erster Güte.

Babs richtete ihren Blick auf die Kommode.

»Des is' ja ein Goldfisch«, entfuhr es ihr.

Wenn wir in unserer Praxis auf etwas nicht eingerichtet waren, dann waren es Fische. Für diese Tierart gibt es Spezialisten, die auch die nötige Praxisausstattung dafür haben. Babs wollte sich natürlich keine Blöße geben, beäugte den Fisch kritisch und gab ab und an Ohs und Ahas von sich.

»Das schaut wirklich nicht gut aus. Wir können ihn nur mit in die Praxis nehmen, aber Hoffnung kann ich Ihnen keine machen.« Sie versuchte wirklich, professionell zu wirken, das konnte man auch dem Klang ihrer Stimme entnehmen.

»Wenn'S meinen, Frau Doktor. Aber leiden soll er nicht, dass müssn'S mir versprechen.« Der Mann war den Tränen nahe.

»Das muss er nicht. Falls wir etwas tun können, was ich leider nicht annehme, dann rufen wir Sie an. Aber wir versuchen alles, was in unserer Macht steht«, versicherte ihm Babs.

»Danke, Frau Doktor, dass Sie so schnell gekommen sind. Was bin ich Ihnen schuldig?«

»Das verrechnen wir später, wir wissen ja noch nicht, was wir alles noch machen werden.«

Babs schnappte sich das Glas mit Rudi, dem Goldfisch, und wir verließen das Haus.

Ich war noch auf der anderen Straßenseite und blickte zu Babs hinüber. Die hatte die Arme kerzengerade nach vorne gestreckt und trug mit ernster Miene das Glas mit Rudi. Der Anblick war sehr amüsant. Schaut aus wie eine Fronleichnamsprozession, wenn sie die Monstranz vorneweg tragen, fand ich und musste lachen.

Als wir bei der Praxis ankamen, öffnete uns Nina die Türe, sie hatte uns schon von Weitem gesehen.

»Was habt's denn da?«

»Kennst du dich mit Fischen aus?«, fragte Babs.

»Nö, sag ja, bei uns sind's alle schon tot und am Fischmarkt«, kicherte Nina.

Die Prozession ging weiter, Babs gefolgt von Nina, und hinter ihr ich. So schritten wir andächtig in den Behandlungsraum und Babs stellte das Glas auf den Untersuchungstisch. Wir starrten alle in das Glas.

»Aber dass dem nicht mehr zu helfen ist, kann ich erkennen«, urteilte Nina.

»Und was machen wir jetzt?« Babs sah Nina ahnungslos und Hilfe suchend zugleich an.

»Erlös ihn, da gibt die Schwimmblase auf, der arme Kerl hat eh nicht mehr lang. Und drauf warten ist eine Quälerei für ihn«, war Ninas Meinung.

»Und wie?«, wollte Babs wissen.

»Mach's wie die Fischhändler in Bremen und brat ihm eins über.«

»Und mit was?«

»Ich sperr mal die Praxis zu, heute kommt niemand mehr, und bring dir einen Beinschen Hebel mit«, schlug ich vor.

Ein Beinscher Hebel, auch Luxivator oder Wurzelheber genannt, ist ein Instrument, das wir im zahnmedizinischen Bereich brauchen. Es ähnelt einem Schraubenzieher, nur ist der Beinsche Hebel kürzer und vollständig aus Metall und der Griff ist schwer und sehr stabil.

Ich sperrte ab, ließ alle Türen innerhalb der Praxis offen, damit es besser durchlüften konnte, und holte den Hebel. Zurück im Behandlungsraum, drückte ich ihn Babs in die Hand. Sie holte den Goldfisch aus dem Glas, um ihm ein schnelles Ende zu bereiten, legte ihn auf den Behandlungstisch, holte aus und mit viel Schwung schlug sie zu.

»Scheiße, verdammte, aua«, schrie Babs.

Sie hatte Rudi verfehlt und mit voller Wucht sich selbst auf den Daumen geschlagen. Babs krümmte sich vor Schmerz und klemmte die Hand zwischen ihren Knien ein. Rudi flog in hohem Bogen vom Tisch hinunter und der Praxiskater Felix sah seine Chance, schnappte sich den Goldfisch und rannte mit ihm im Maul hinaus in den Garten.

»Ja, so geht's auch; ein schneller Tod und auch irgendwie natürlich …«, stellte Nina fest.

Sie konnte sich nur schwer halten, ich sah ihr an, dass sie am liebsten losgelacht hätte. Mir ging es nicht anders. Wir machten von Barbaras Daumen noch ein Röntgenbild. Zum Glück war nichts gebrochen. Ich schmierte ihren Finger mit einer Traumasalbe ein und verband ihn.

»Ich schmeiß mich jetzt mit einem Schmerzmittel vor den Fernseher.« Babs hatte sichtlich genug für diesen Tag.

Nina und ich verabschiedeten uns und gingen zu mir.

Während des Abendessens erzählten wir Ernst die ganze Geschichte und endlich brauchten wir unser Lachen nicht mehr zu unterdrücken. Die ganze Rudi-Story war von Anfang bis Ende doch recht skurril.

22

Eine Woche mit Nina

Am nächsten Tag stellte sich heraus, dass Babs nicht arbeiten konnte. Ihr Daumen hatte sich um das Doppelte vergrößert und zeigte sich in einer Farbpalette von Grünviolett bis zu Schwarzviolett. Von den Schmerzen mal ganz abgesehen.

»Was machen wir jetzt? Ich kann nicht einmal eine Gabel halten.«

»Keine Ahnung, aber so wird das nichts, und es schaut auch nicht danach aus, als wäre das in zwei Tagen ausgestanden«, gab ich zu bedenken.

»Ganz zusperren mag ich auch nicht, den finanziellen Ausfall kann ich mir nicht leisten. Obwohl ich gerade die Nase voll habe und am liebsten zu meiner Schwester aufs Land fahren würde.«

Da war es wieder, das Gejammer wegen des Geldes. Man konnte glauben, dass sie verhungern musste, noch in der Sekunde Konkurs anmelden, um wenig später obdachlos zu sein.

»Da gäbe es schon eine Lösung«, flocht ich geistesgegenwärtig ein.

»Die da wäre?«

»Ich könnte Nina fragen, ob sie einspringen würde. Sie bleibt ja noch vierzehn Tage in Wien. Ich weiß schon, die kostet auch was. Aber wahrscheinlich weniger, als was reinkommt. Und für mich macht es ja keinen Unterschied. Ich brauche nur einen Tierarzt in der Praxis, sonst ändert sich nichts. Ob das du bist oder Nina, ist schließlich egal.«

Das war natürlich die offizielle Version für Babs' Ohren. Selbstverständlich machte es für mich einen Unterschied. Eine Woche mit Nina zusammenzuarbeiten, würde einem Wellnessurlaub gleichkommen.

»Vielleicht gar nicht so blöd. Ruf sie doch mal an. Ich telefoniere mit meiner Schwester.« Babs witterte die Möglichkeit, Urlaub zu machen und gleichzeitig Geld zu verdienen.

Also rief ich Nina an und erklärte ihr die Situation.

»He, das kann lustig werden. Müsste nur ein paar Treffen verschieben, aber das ist kein Problem. Wann soll's denn losgehen?«

»Heute, mit der Nachmittagssprechstunde um vier!« Ich konnte mein Glück kaum fassen.

Jetzt brauchte ich nur mehr so schnell wie irgendwie möglich Babs aus dem Haus zu bekommen. Nicht auszudenken, wenn sie blieb! Dann würde sie ständig unten bei uns sein, zu allem ihren Senf dazugeben und darauf achten, dass wir nicht zu beliebt würden und auch genügend Umsatz in die Kasse brächten.

Babs war nach oben gegangen. Nach meinem Telefonat stürzte ich buchstäblich die Treppe hinauf zu ihr in den Wohnbereich.

»Nina ist einverstanden und kann sogar schon die Nachmittagssprechstunde übernehmen.« Ich war bemüht, nicht zu viel Begeisterung in meine Stimme zu legen.

»Fein, mit meiner Schwester ist auch alles geklärt«, kam von Babs.

»Soll ich dir ein Bahnticket reservieren?«

»Bist du irre? Die Menschen und das stundenlange Gedränge im Zug. Nein, ich fahre mit dem Auto, und wenn ich in der nächsten Stunde wegfahre, dann bin ich zum Abendessen dort.«

»Aber wird das mit deinem Finger gehen?«

»Klar, die linke Hand brauch ich ja nur zum Lenken, das geht sicher. Hilfst du mir schnell packen? Falls unten wer reinkommt, hören wir das, oder noch besser, häng einen Zettel an die Türe, dass die Vormittagssprechstunde entfällt.« Babs konnte es offenbar kaum erwarten wegzukommen. Selten waren wir uns so einig.

Ihre Schwester hatte nach Vorarlberg geheiratet, und wenn sie bis zum Abendessen dort sein wollte, dann musste sie wirklich schnell los. Die Strecke Wien–Vorarlberg war unter sieben bis acht Stunden Fahrzeit nicht zu schaffen, immerhin war das einmal durchs ganze Land. Eine gute Entfernung, dachte ich, so konnte sie es sich wenigstens nicht spontan anders überlegen und überraschend in der Praxis auftauchen. Schnell hatte ich ihre Sachen gepackt und im Auto untergebracht. Ich verfrachtete noch Tyson, ihren Hund, in den hinteren Teil des Land Rovers, wünschte beiden eine gute Fahrt und eine schöne Zeit und sah dem entschwindenden Auto nach.

Im Gegensatz zu den letzten eineinhalb Tagen war am Nachmittag einiges los. Kein Problem für Nina und mich, denn wir harmonierten perfekt. Sichtlich genossen auch die Patienten und ihre Besitzer die lockere und humorvolle Atmosphäre. Nina, die sich auf Nagetiere spezialisiert hatte, erkannte schnell, dass es bisher verabsäumt worden war, die Kaninchen, die hierorts im Freien gehalten wurden, auch entsprechend zu impfen. Ich bestellte sofort genügend Impfstoffe, die am nächsten Tag bereits in der Praxis waren. Hängte je ein Infoblatt mit der Überschrift *Kaninchenimpfaktion* und *Dentalwoche für Nagetiere* an jede Türe der Praxis und Nina bestellte Kaninchen, die an diesem Tag bei uns waren, für den nächsten zum Impfen wieder ein.

Es gibt zwei für Kaninchen sehr wichtige Impfungen, das betrifft sowohl Kaninchen, die im Freien leben, als auch die, die auf Balkonen gehalten werden.

Bei der Rabbit Haemorrhagic Disease – in der täglichen Praxis einfach nur RHD genannt, denn wer möchte sich das schon merken – handelt es sich um eine hoch ansteckende und tödliche Viruserkrankung. Erkrankte Tiere werden apathisch, leiden an Atemnot und Fieber, bluten aus den Nasenöffnungen und ersticken letztendlich qualvoll. Über Speichel, Kot und Urin, aber auch durch blutsaugende Insekten können sich die Tiere anstecken.

Bei der Myxomatose – oder auch Kaninchenpest genannt – zeigen sich folgende Symptome: geschwollene Augen bis zum vollkommenen Augenschluss sowie Schwellungen am Kopf und an den Genitalien. Diese Krankheit wird durch einen Pockenvirus hervorgerufen und hauptsächlich durch blutsaugende Insekten verbreitet, deshalb sind bereits viele Wildkaninchen daran erkrankt. Der Heilungserfolg bei ungeimpften Tieren liegt bei knapp zwanzig Prozent.

Beide Krankheiten sind zum Glück nicht auf den Menschen übertragbar.

Kurz nach 19 Uhr läutete mein Handy, Babs war dran. Ich ging in den Garten, um zu telefonieren. Es waren noch einige Patienten in der Praxis, und wenn Babs davon Wind bekäme, wäre gleich wieder Feuer unterm Dach, wegen Überstundenbezahlung und so.

Sie erklärte mir, dass sie gerade angekommen sei und froh sei, wieder einmal ihre Schwester zu sehen und bla und bla. Natürlich war das alles nur ein Vorgeplänkel für die entscheidende Frage, wie es in der Praxis ging und wie viel Geld heute in die Kasse gekommen war.

Ich erläuterte ihr, dass die Praxis gut besucht gewesen und ich gerade mitten in der Abrechnung sei, dass ich mit Nina jeden Tag abrechnen würde, so komme es zu keinen Unklarheiten bezüglich der Stunden. Das mit den Impfstoffen verschwieg ich fürs Erste, um unnötigen Wirbel zu vermeiden, weil sie mich sicher gefragt hätte, ob ich noch alle Tassen im Schrank hätte, was das für Kosten mache, schließlich wisse niemand, ob wir auch alle Impfstoffe loswürden.

»Genieß doch deine freien Tage. Falls etwas ist, melde ich mich.« Mit diesen Worten verabschiedete ich sie freundlich und hoffte darauf, dass sie sich nicht täglich melden würde.

Am nächsten Morgen traute ich meinen Augen kaum. Vor der Praxis war ein regelrechter Stau.

Ich ging immer von hinten durch den Garten in die Praxis. Erstens war es von mir aus der kürzeste Weg, und zweitens konnte ich noch in Ruhe verschiedene Sachen erledigen, bevor ich öffnete. Auch musste ich mich nicht – so wie an diesem Tag – durch Menschenmengen drängen und ihnen erklären, warum ich zwar schon da war, sie aber noch warten mussten.

Ich alarmierte auch Nina, dass sie sich durch den Hintereingang hereinschleichen sollte.

Der Andrang in der Praxis war so gewaltig, dass wir nur eine kurze Mittagspause machten statt der ansonsten vierstündigen Pause zwischen Vormittags- und Nachmittagssprechstunde. Ernst brachte uns ein paar belegte Brötchen und eine Thermoskanne voll Kaffee. Wir riefen eine halbstündige Pause aus. Niemand war uns dafür böse, denn die Tierbesitzer waren froh über die Spezialistin Nina und die beinahe durchgehende Öffnungszeit, sodass wir auf gütiges Verständnis für die kurze Unterbrechung stießen.

»Siehst du, wir sind hier wirklich wie in einem Dorf – Nachrichten verbreiten sich über Nacht«, bemerkte ich zwischen einem Bissen Brot und einem Schluck Kaffee in Richtung Nina.

»Find ich toll, ich wünschte, ich hätt in Bremen auch so viel zu tun. Und zu wissen, dass nach dieser Woche alle Kaninchen geimpft sind und schon ihren nächsten Impftermin bekommen haben und dass alle Nagerzähne wieder in Position und auf die richtige Länge gebracht wurden, bereitet mir auch eine gewisse Zufriedenheit.« Nina mampfte zufrieden vor sich hin.

»Sag mal, es ist doch immer dasselbe bei jeder Zahnbehandlung. Du hältst immer die gleiche Ansprache wegen der Zahnprobleme und Verdauungsstörungen, dass das mit der Ernährung der Tiere in Zusammenhang steht. Ist doch mühsam, bei jedem Patienten dasselbe lange Referat zu halten. Was wäre, wenn wir am Samstagnachmittag so eine Art Seminar zum Thema Nagerernährung machten?«

Ich hatte meine Beine hochgelegt und war bereits bei meiner wohlverdienten Zigarette, zu essen brauchte ich nicht viel, Hauptsache Flüssigkeit und Nikotin. Mir war schleierhaft, warum ich trotzdem in letzter Zeit immer mehr zunahm. Auch egal, ich war glücklich. Eine ganze Woche mit Nina zusammenzuarbeiten war einfach toll und das wollte ich in vollen Zügen auskosten.

»Fänd ich gut. Du kennst mich ja, ich bin immer froh über Aufklärungsarbeit. Den Viecherln geht's besser, und für die Besitzer spart es oft viel Geld, wenn sie ernährungstechnisch gleich alles richtig machen. Gegen die Auswirkungen auf die Gebisse durch Überzüchtung kann ich nichts machen, aber gegen alles andere kann man vorbeugende Maßnahmen treffen. Bin halt das genaue Gegenteil von Babs, wie ich aus genügend Erzählungen von dir weiß. Wir können ja jetzt gleich am Nachmittag jedem Bescheid sagen, und dann sehen wir gleich, wie groß das Interesse ist.«

Der Ansturm auf die Praxis nahm kein Ende. Ich musste sogar noch Impfstoffe nachbestellen. Dazwischen hatten wir auch unzählige Zahnbehandlungen. Ich bewunderte Ninas Geschick, wie schnell sie in den kleinen Mäulchen für Ordnung sorgte, und mit ihrer Methode und meinen Fixierungskünsten mussten wir kein einziges Tier sedieren.

Am Abend spürte ich die Auswirkungen auf meinen Rücken. Das war mir aber völlig egal, weil die Arbeit mit Nina Spaß machte und sich lohnte. Ich sah mir die Liste an, die ich im Warteraum aufgelegt hatte, für die Anmeldungen zum Ernährungsseminar.

»Nina, wir haben bereits einundzwanzig Anmeldungen und da kommen morgen und am Freitag sicher noch welche dazu«, rief ich entzückt.

»Und wo setzt ma die alle hin?«, konterte Nina.

»Das seh' ma dann schon. Müssen halt einige stehen, und die Türe zum Warteraum lassen wir offen, die zum Röntgen auch, dann verteilt sich's schon und du musst halt laut genug sprechen.«

»Ja, so könnt's gehen.« Ich sah es Nina an, dass sie sich über ihren Erfolg freute.

»Bin ich froh, dass wir morgen erst am Nachmittag aufsperren, so müde wie ich bin«, stellte ich fest.

»Du, ich auch, ich kann kaum noch meine Finger bewegen«, stimmte Nina zu.

Donnerstag war der Run auf die Praxis ebenso groß wie am Vortag. Freitag legte sich das Ganze ein wenig, sodass wir zwar noch immer genug zu tun hatten, aber wenigstens über Mittag für drei Stunden schließen konnten.

Ernst kochte für uns ein leckeres Mittagessen und wir konnten im Garten etwas entspannen.

»Und, wird's was werden mit eurem Seminar?«, wollte Ernst wissen. Ich hatte mich beinahe verschluckt bei der Frage. »Wir stehen bei zweiunddreißig Anmeldungen, das ist viel mehr, als wir dachten. Die Praxis wird aus allen Nähten platzen.«

»Scheint, als seid ihr ein Erfolgsduo.« Er lächelte uns dabei an.

»Schon, nur leider ist Samstag schon wieder Schluss«, bedauerte Nina.

Dem konnte ich mich nur anschließen. Meine Laune war gleich wieder etwas getrübt bei dem Gedanken an den Montag mit Babs. Ich wusste, was auf mich zukommen würde. Sie wird am Sonntag nach Hause kommen, dachte ich, ihr erster Weg wird sie zur Kasse führen und – egal, wie viel Geld sich darin auch staut – sie wird zuerst die Belege der Pharmafirma für die Impfstoffe sehen und Ninas Abrechnungen. Dann würde sie nachrechnen, wie viele Stunden wir offen hatten und was sie das in Hinsicht auf mein Honorar kosten würde, und einen ihrer Anfälle bekommen. Recht machen konnte man es ihr sowieso nie, egal, welchen Umsatz wir in dieser Woche eingefahren hatten.

Ich riss mich zusammen und versuchte, diese Gedanken zu verdrängen. Montag war früh genug für schlechte Laune, redete ich mir ein.

Samstagnachmittag platzte die Praxis aus allen Nähten, keine Maus hätte hier mehr einen Platz gefunden. Alle Besucher bekundeten, wie toll sie die Idee fanden, wie sympathisch Nina war, und bedankten sich dafür, dass wir das Seminar gratis veranstalteten.

Nina begann mit ihrem Vortrag. Alle waren so aufmerksam, dass man eine Stecknadel hätte fallen hören können. Zwischendurch wurden Fragen gestellt, die sie ausführlich und auf ihre nette Art beantwortete. Alle waren mit Blöcken und Kugelschreiber ausgerüstet und schrieben fleißig mit. Bin mir sicher, dass die in der Schule nie so eifrig und konzentriert waren, dachte ich mir.

Diese angenehme und wissensdurstige Stimmung wurde von dem Knall einer zuschlagenden Türe unterbrochen.

»Was ist denn hier los?« Babs stand plötzlich hinter mir.

Ich zuckte zusammen. Um das Seminar nicht platzen zu lassen und Streit an Ort und Stelle zu vermeiden, schob ich sie wieder zur Türe hinaus in den Garten.

»Spinnts' ihr? Was wird das?« War klar, dass von ihrer Seite kein Hallo kam. »Ihr glaubt ja nicht im Ernst, dass ich die Überstunden für Samstagnachmittag bezahle! Meine Praxis ist ja kein Seminarzentrum, wo ihr euch ein gutes Extrageld machen könnt!«

»Psst. Geht's vielleicht etwas leiser? Und wenn du vielleicht die Güte hättest, mir zuzuhören, dann könnt ich dir auch alles in Ruhe erklären.« Mein Ton passte sich dem ihrem an, schließlich war ich ja kein Lehrling, den sie so anblasen konnte, und wir hatten auch kein Verbrechen begangen.

»Erstens kostet dich das nicht einen Cent und zweitens bringt es viele zufriedene Kunden. Und die Unterstellung, dass wir uns hier Extrageld machen, kannst du dir sparen. Ist ja nicht normal, dass du immer glaubst, jeder will dich hintergehen und dir schaden.«

Jetzt war ich wirklich sauer. Keine Ahnung, was mit ihr los war, aber gleich jedem Betrug zu unterstellen, das ging mir echt zu weit. Es schien, als hätte ich ihr den Wind aus den Segeln genommen.

Sie ging, ohne noch ein Wort zu sagen, hinauf in die Wohnung. Ich nahm an, es fehlten ihr auch die Argumente.

Nina konnte in Ruhe ihr Seminar zu Ende bringen. Als alle gegangen waren, stellten wir wieder die gewohnte Ordnung her.

»Soll ich den Ärger ausbaden?«, fragte mich Nina.

»Nein, lass sie ausdampfen. Nachdem das nicht der einzige Ärger sein wird, reicht es, wenn mich das Ganze am Montag trifft. Und an Konfrontationen mit ihr bin ich schon gewöhnt, also soll sie es an mir auslassen. Du warst nur gefällig, das wäre doch unfair, wenn's dich jetzt blöd anmachen würde.«

»Aber ich möchte nicht …«

Ich fiel Nina gleich ins Wort: »Du hast nichts falsch gemacht und ich auch nicht, aber Babs ist nun mal Babs. Lass uns noch zu mir gehen und ein Gläschen trinken.«

Gerade als wir die Praxis verlassen wollten und ich schon den Schlüssel ins Schloss steckte, rief Babs von der Treppe aus zu uns hinunter: »Vielleicht gar nicht so schlecht, die Idee mit den Seminaren, da steckt unter Umständen viel Geld drinnen, wenn man's g'scheit macht.«

»Kannst ja drüber nachdenken. Ich hab dir alle Abrechnungen und die Kohle in die Kasse gelegt. War eine gute Woche. Wir sehn uns dann am Montag.«

Nina und ich warteten noch einen kurzen Moment, aber da kam nichts. Kein: »Schönes Wochenende« oder »Cool, dass die Kasse gut gefüllt ist, obwohl ich Urlaub gemacht habe« oder »Dankeschön« in Richtung Nina.

»Versteh ich, dass du in regelmäßigen Abständen darüber nachdenkst zu kündigen. Aber jetzt machen wir uns noch einen gemütlichen Abend«, merkte Nina noch an.

Gesagt, getan. Trotz des ganzen Ärgers war der Rest des Abends sehr gemütlich und lustig. Natürlich diskutierten wir kurz darüber, ob es nicht gescheiter wäre, die Praxis zu verlassen – Ernst war schon lange ein Verfechter dieser Idee. Es würde nicht so einfach für mich sein, diese Entscheidung zu treffen, da ich sehr an meinen Patienten hing. Dennoch kam der Gedanke fortan in immer kürzeren Abständen in mir hoch.

23

Vorstellung und Wirklichkeit

Im Oktober und November gibt es bei uns in Österreich für die Schüler im letzten Pflichtschuljahr die sogenannten berufsorientierenden oder berufspraktischen Tage. Die Schüler durchlaufen dabei Praktika in verschiedenen Betrieben, um sich Berufe, für die sie sich theoretisch interessieren, in der Praxis anzusehen. Für uns war das in der Mehrzahl der Fälle eher eine Heimsuchung. Über zwei Monate lang, jeden Nachmittag von Montag bis Freitag, immer ein bis zwei Praktikanten in der Praxis zu haben, war wahrlich kein Segen.

Die meiste Zeit standen sie nur im Weg herum, machten in den unpassendsten Momenten den Mund auf und verschlimmerten dadurch oft die Situation. Man traf dabei auf die verschiedenen Variationen von Teenagern. Weder Babs noch ich konnten uns für diese Aufgabe erwärmen.

Einmal hatten wir sogar eine erwachsene Praktikantin. Sie sollte im Zuge ihres Psychologiestudiums eigentlich in einer Arztpraxis ein Praktikum absolvieren. Sie bettelte uns aber an, es bei uns machen zu dürfen.

»Aber das wird dir wahrscheinlich nicht angerechnet«, versuchte ich, ihr klarzumachen.

»Das krieg ich schon durch. Ich kann so gar nicht mit Menschen, und grauslich find ich sie auch, die kranken, halb nackten, nicht schönen Menschen, igitt«, konterte die offensichtlich bereits unzählige Male Schönheitsoperierte.

Na, da hast du ja das richtige Studium gewählt, goldrichtig, wenn man Menschen nicht mag, dachte ich mir. Dass die nicht vornüberkippt bei den riesigen künstlichen Brüsten, und das über-drüber-hyperblondierte Haar wird sicher auch bald von alleine ausfallen.

»Mir ist das egal. Wenn du glaubst, du bekommst das durch, dann machst du es halt bei uns«, willigte Babs ein.

Eh klar, dass sich die Schönheitsfreakfraktion wieder einmal einig ist. Diesen Gedanken sprach ich natürlich nicht laut aus.

Immer wieder bestätigen sich Klischees. Blondie war dumm wie Stroh. Wie die ein Studium zu Ende bringen wollte, war mir schleierhaft. Aber wahrscheinlich ließen sie die Professoren auch nur durch, weil sie entweder Gefallen an ihr fanden oder sie keinesfalls länger an ihrer Uni haben wollten. Und für sie diente das Studium vielleicht auch nur dazu, eine bessere Partie zu machen.

Aber wie schon gesagt, dumm wie Stroh, die Aufmerksamkeitsspanne einer Fliege und motiviert wie ein Schluck Wasser. Kurz spielte ich gedanklich mit einem Krankenstand, da ich keine Ahnung hatte, wie ich das blonde Halbplastikpüppchen eine Woche lang ertragen sollte.

Sie kam am ersten Nachmittag aufgedonnert, als würde sie bei einem Junggesellenabschied aus einer Torte springen wollen. Hatte weiße Lackstiefel mit vierzehn Zentimeter hohen Absätzen an.

»Wie passend«, war mein ganzer Kommentar zu dem Outfit.

»Ja, ich dachte mir, Weiß passt so gut zu einer Praxis«, gab sie als Antwort zurück.

Babs ging gerade an mir vorbei und ich flüsterte ihr zu: »Es denkt.«

Sie stieß mir kurz in die Rippen und schenkte mir einen Blick, der heißen sollte: Gib Ruhe.

Während verschiedener Behandlungen konnte man nur schwer ein Gespräch mit den Besitzern führen, da Blondie immer ihren Mund offen hatte und den Haltern versicherte, wie knuffig ihre Tiere doch waren, und sie alle immer nur streicheln wollte – insofern sie sauber waren und eine schlimmere Erkrankung ausgeschlossen werden konnte. Ansonsten verließ sie den Behandlungsraum und kommentierte das gerne mit einem: »Iiihhhh, der Gestank ist ja ekelhaft, kann man sich damit anstecken?«

Ständig stand sie mir im Weg, ich sagte schon nichts mehr, sondern schob sie nur mehr herum. Sogar Babs war nach zwei Stunden ziemlich genervt.

Unser nächster Patient, ein Meerschweinchenmann, entpuppte sich als Methusalem von neun Jahren. Also wirklich sehr alt, denn im Durchschnitt werden Meerschweinchen nur etwa sechs Jahre. Demnach war er bereits altersschwach und blind, hatte nur mehr zwei Zähne, diverse Lipome und noch einige andere Kleinigkeiten. Babs kam mit den Besitzern überein, dass es das Beste wäre, ihn einzuschläfern, um ihm ein zähes und unangenehmes Ende zu ersparen.

Bei uns in der Praxis war es Usus, in solchen Situationen viel Feingefühl und Ruhe an den Tag zu legen. Die Besitzer hatten die Wahl, entweder dabeizubleiben oder auch nicht. Wenn sie bleiben wollten, konnten sie auch nur so lange bleiben, bis ihr Tier tief schlief, und dann den Raum verlassen. Das Wichtigste war, sie konnten sich wirklich die Zeit nehmen, die sie brauchten. So ein Abschied ist ja kein Strandspaziergang.

Auch im Warteraum kam es deshalb nie zu Beschwerden, obwohl sich dadurch natürlich die Wartezeiten verlängerten. Jeder hatte Verständnis und war froh darüber, dass er selbst gerade nicht in solch einer Situation war.

Als nun der alte Meerschweinchenherr seine Spritze mit der Sedierung bekam, fing unser Blondchen plötzlich hysterisch zu heulen an. Und mit hysterisch meine ich wirklich melodramatisch hysterisch. Selbst die Besitzer trauten ihren Ohren kaum, Babs blitzte mich an. Ich packte das hysterische Teil an den Schultern und schob sie aus der Türe. Zu dem hochfrequenten, sehr lauten Geheule fing sie zu allem Überfluss auch noch an zu schreien.

»Ihr seid ja Mörder, wie kann man nur Tiere umbringen!«

Sehr hilfreich, jeder in der Praxis konnte das hören, die Besitzer und auch alle Wartenden. Ich versuchte, sie zu beruhigen, aber nichts half. Irgendwie musste ich sie wieder zum Schweigen bringen. Mein erster Gedanke war, sie zu ohrfeigen, aber das unterließ ich. Also schob ich sie in den Garten hinaus, sie musste außer Hörweite. Draußen redete ich weiter auf sie ein, doch mit Vernunft und Erklärungsversuchen kam ich nicht weit. Wenigstens hatte sie aufgehört zu schreien und heulte nur noch ohne Unterlass.

Zwanzig Minuten später kam Babs mit dem toten Meerschweinchen in den Garten, um es in die Garage, wo unsere Kühlbox stand, zu bringen. Sie hielt bei uns an.

»Sag mal, spinnst du? Du kannst dich doch nicht vor den Besitzern so aufführen. Das gehört leider zu unserem Job dazu, deswegen sind wir keine Mörder. Das verbitte ich mir! In der Veterinärmedizin haben wir wenigstens die Möglichkeit, einer Kreatur Leid zu ersparen. Und solche Sachen dann auch noch quer durch die Praxis zu plärren, sag, geht's noch? Für niemanden hier ist diese Entscheidung leicht.« Babs war jetzt in Fahrt. »Weißt was, ich schreibe dir eine Bestätigung, dass du die ganze Woche hier warst, und du verschwindest gleich, ich möchte dich auf gar keinen Fall länger in meiner Praxis haben.«

Babs drückte mir das Meerschweinchen in die Hand und zog das Blondchen am Ärmel hinein in die Praxis.

Ich musste in der Kühlbox etwas umschlichten, und als ich zurück war, war Blondie bereits weg.

Am Abend während des Zusammenräumens unterhielten wir uns noch ausgiebig über die überspannte Person, immerhin konnten wir dann schon wieder ein wenig lachen. Babs und ich spekulierten auch darüber, mit welcher Art von Praktikanten wir uns in den nächsten Wochen wohl noch würden herumschlagen müssen.

Teenager sämtlicher Provenienz hatten wir schon hier für ihre berufspraktischen Tage. Im Grunde finde ich das auch sinnvoll, denn oft sind Vorstellung und Wirklichkeit von einem Beruf ganz unterschiedlich, doch die Teenies sehen das anders. Für sie ist es mehr lästiges Zusätzliches am geheiligten Nachmittag.

Unbestritten haben wir es oft mit nicht so tollen Gerüchen zu tun, aber wir sind auch keine Parfümerie. Einer unserer Patienten war ein Berner Sennenhund, wieder einmal so ein armes Tier, bei dem die Besitzer anscheinend über Wochen nicht bemerkt hatten, dass ihm etwas fehlte und es auch Schmerzen hatte. Aber zu dem Thema Menschen habe ich mich bereits das eine oder andere Mal geäußert.

Besagter Sennenhund kam mit einer Ohrenentzündung, die ich in einem solchen Ausmaß noch nie gesehen hatte und auch später nie wieder sehen sollte. Selbst Babs konnte es nicht fassen. Aus dem Ohr des Hundes quollen Eitermassen heraus wie aus einer Quelle im Hochgebirge.

Wir sehen in solchen Augenblicken nur das leidende Tier und versuchen, ihm so rasch wie möglich zu helfen und es von seinen Schmerzen zu befreien. Unsere damalige Praktikantin fand das nur zum Kotzen. Während ich versuchte, all das, was aus dem Hund rann, irgendwie in den Griff zu bekommen, ohne ihm wehzutun, und Babs die Chance zu ermöglichen, in diesen Gehörgang hineinsehen zu können, kotzte unser Fräulein mir auf meine Hose und meine Schuhe und zog eine unappetitliche Spur quer durch die Praxisräume. Für meine Nase um ein Wesentliches ekelhafter als der Geruch des Hundeohrs.

Was wir jedem unserer Schützlinge als Erstes einbläuten, war, dass das Regal mit den verschiedenen Entwicklerbädern vom Röntgen großräumig zu umgehen sei, am besten sei es, den Röntgenraum gar nicht zu betreten.

Manchmal war auch ich anscheinend mit Naivität geschlagen, wenn ich zum Beispiel daran glaubte, dass mir jemand zuhörte.

Da ich der Meinung war, wenn ich schon die Teenager am Hals hatte, sollte ich wenigstens auch den einen oder anderen Vorteil davon haben, verdonnerte ich eine Praktikantin dazu, nach Sprechstundenende den Boden zu wischen.

Da es im Oktober und November oft so richtiges Matschmistwetter hatte, musste der Boden an solchen Tagen gut fünf oder sechs Mal gewischt werden. Schließlich war ich der Ansicht, dass eine Arztpraxis – human- oder veterinärmedizinisch machte für mich keinen Unterschied – sauber und halbwegs steril sein musste.

Wenn Sie meinen Mann zum Thema »sauber und steril« befragen würden, könnten Sie die Auskunft bekommen: »Desinfektionsmittel? Haben wir alle Arten – hektoliterweise. Wir wohnen praktisch im Desinfektionsmittel. Steril ist der zweite Vorname meiner Frau. Und von unseren Hunden könnte man essen.«

Also könnte man behaupten, dass ich in dieser Richtung möglicherweise einen kleinen Tick habe.

Egal, ich ersuchte unser Teeniegirl, von der ich annahm, dass sie alles, was ihr erklärt wurde, auch behielt, den Boden in der gesamten Praxis zu wischen. Sicherheitshalber mischte ich das Wasser mit dem speziell dafür vorgesehenen Bodenreinigungsdesinfektionsmittel für Arztpraxen und Spitäler – das es natürlich bei uns gab, seit ich hier arbeitete. Ich begab mich mit meiner mehr als verdienten Zigarette und einer Tasse Tee in den Garten.

Ich genoss die Ruhe, meinen warmen Tee und meine Zigarette. Babs gesellte sich dazu und wir ratschten über den Tag ohne gröbere Vorkommnisse. Freudig steckten wir uns noch einen Glimmstängel an. Diese entspannte Stimmung wurde von einem donnergleichen Geräusch und dem Quietschen des Mädchens unterbrochen.

»Was ist denn jetzt schon wieder?«, schrie ich. Babs und ich schmissen unsere Zigaretten in den Aschbecher, stellten unsere Teetassen auf die Stufen und rannten hinein.

»Das gibt es doch nicht, red' i zur Wand?«, brüllte Babs.

Unsere anscheinend doch taube Schülerin stand im Röntgenraum und hatte das Regal mit der Röntgenstraße und ihren diversen Entwicklerflüssigkeiten umgestoßen. Wir wateten in den Chemikalien. Babs schickte das Mädchen nach Hause, und wir versuchten, Herrinnen der Lage zu werden und das ganze Zeug wegzuwischen. Es nahm Stunden in Anspruch, bis der ganze Raum wieder blitzblank war. Etwas Gutes hatte es aber. Babs bestellte für den nächsten Tag einen Vertreter für digitale Röntgengeräte her, weil sie jetzt auch endlich die Nase voll hatte von dem ganzen Mist.

Andere Kandidaten und Kandidatinnen waren einigermaßen enttäuscht, dass eine Tierarztpraxis kein Streichelzoo war. Dann hatten wir welche, die sich weigerten, tote Tiere anzufassen, und auch solche, die eigentlich gar keine Tiere mochten, gleichgültig ob tot oder lebendig.

Teenager in all ihren Ausprägungen und Facetten hatten wir bei uns in der Praxis zu Gast, eine bunte Vielfalt könnte man sagen, wenn man es blumig ausdrücken wollte.

Es gab die Gruppe der Demotivierten und die der Desinteressierten, die nur ihre Zeit absaßen. Ein weiteres Grüppchen bildeten die Aufsässigen, genauso viele gab es in den Kategorien Naive und Unreife; also eine erhebliche Zahl von absolut Ungeeigneten und Ungeschickten. Das Geschwader an Hohlköpfen nicht zu vergessen, die wahrscheinlich aufgrund hormoneller Überfrachtung keinen Zugriff auf ihr Gehirn hatten und bei denen sich alles nur auf die Regionen südlich des Nabels konzentrierte. Und noch die Abteilung der Besserwisser; diese siebengescheiten, altklugen Kinder konnte ich besonders gut leiden. Sehr spannend war jedoch für mich die Erkenntnis, dass die Eigenschaft des Besserwissens mit allen anderen beliebig kombinierbar war.

»Alles Beispiele und Gründe, die für Verhütungsmittel sprechen«, war Babs' lapidare Meinung, und auch ich war immer heilfroh, wenn wir diese Wochen hinter uns hatten.

24

Antosz

Sie erinnern sich noch an Antosz, den halb blinden Jack Russell Terrier mit den Krüppelbeinchen, in den sich meine Freundin Gabi bei der vorweihnachtlichen Rettungsaktion in der Tötungsstation verliebte?

Antosz hatte sich mittlerweile gut eingelebt und kam auch mit seinen zwei neuen Lebensgefährtinnen zurecht. Die eine davon war Hippie, eine Hundedame bereits vorgeschrittenen Alters, vermutlich ein Schäfer-und-was-weiß-der-Teufel-Mix, so genau ließ sich das bei Hippie nicht mehr feststellen, da optisch in ihr wohl alle Rassen der Welt vertreten waren. Und die andere war Katchina, ein Bullterrier-Mischling, ein vierjähriger eigensinniger Sturkopf, aber sehr liebenswert.

Ich mag ja Hunde mit starkem Charakter. Katchina offenbar auch. Sie freundete sich schnell mit Antosz an, anscheinend war sie glücklich, einen Spielkameraden gefunden zu haben, denn mit Hippie war in Sachen Herumtollen, Blödsinn machen und spielerisches Gezanke nicht mehr viel anzufangen. Und wer versteht einen Terrier am besten? Jawohl, ein anderer Terrier. Kurz gesagt, Antosz brachte wieder Leben in die Bude.

Gabi recherchierte fast Tag und Nacht. Machte sich schlau wegen Antosz' Beinchen, ließ diese röntgen und suchte nach Spezialisten. Operativ war da nichts mehr zu machen, aber ein Bandagist, der sich auf Tiere spezialisiert hatte, fertigte für ihn Spezialstützbandagen an. Antosz lief viel besser mit diesen Bandagen und sie schienen ihn keineswegs zu stören. Durch das Einsitzen in der Tötungsstation hatte er viel von seiner Muskulatur abgebaut, die musste jetzt wieder auftrainiert werden und mit den Stützbandagen ging das sehr gut und rasch. Wenige Monate später sprang und rannte er ohne die Dinger herum, die Beinchen hatten zwar nach wie vor die Fehlstellungen, aber es beeinträchtigte ihn nicht.

Ich hatte Gabi zu einem gemütlichen Abend bei uns eingeladen, da wir uns länger nicht gesehen hatten. Wir telefonierten oft miteinander und alle zwei bis drei Monate trafen wir uns, das war so unser Rhythmus.

Bei solchen Gelegenheiten machte ich gerne meinen beliebten Makkaronisalat, der war erstens sehr lecker und ließ sich zweitens im Vorhinein zubereiten, sodass man wirklich einfach angenehm beisammensitzen und ausgiebig plaudern konnte. Stoff zum Quatschen gab es genug, da sich bei Gabi sehr viel getan hatte. Da ihre Wohnung mit nun drei Hunden proppenvoll gewesen war, hatten sie sich ein Haus gemietet. Sie, das waren Gabi, ihr Sohn und ihr Lebensgefährte.

Gabi hatte in der Zwischenzeit auch eine Ausbildung zur Hundefriseurin gemacht und Hans, ihr Lebensgefährte, hatte ihr im Keller des Hauses sogar einen Salon eingerichtet. Gabi zückte ihren Laptop und zeigte mir Fotos. Ausstattungsmäßig blieben keine Wünsche offen, der Salon spielte wirklich alle Stückeln, wie man bei uns so sagt. Der ganze Extraschnickschnack, und die Wände waren in Heidekrauttönen gehalten, Gabis Lieblingsfarbe. Wie auch die Homepage, Heidekrautfarben in allen Facetten.

»Das Album wollte ich dir auch noch zeigen«, grinste Gabi bis über beide Ohren und klickte ein weiteres Fotoalbum auf ihrem Schleppdepp, wie ich die Geräte gerne nannte, an.

»Wow, tolle Fotos«, bestätigte ich.

»Wir waren auf Amerikaurlaub.« Das Grinsen wollte einfach nicht aus ihrem Gesicht verschwinden.

Ich scrollte mich durch die Fotos, endlos viele Fotos. Nevada, New Mexico, Arizona, Utah, unzählige Bilder mit geheimnisvollen Geschichten um die Area 51, damit waren wir wieder in Nevada gelandet.

»Und jetzt kommt's – Las Vegas.« Gabis Augen begannen zu leuchten.

»Haha, ist das ein Elvis?«, fragte ich belustigt.

»Jaaaaaa, ich zeig dir gleich das Video dazu.« Ihre Stimme überschlug sich fast. Sie klickte das Video an.

»Is' net wahr, sag bloß … nein …, oder?«

»Doch, wir haben in Las Vegas geheiratet«, kicherte sie.

»Gratuliere! Du, ich hab für besondere Anlässe noch eine Flasche Champagner im Keller, die hol ich jetzt«, freute ich mich mit ihr.

Gabi erzählte noch einiges über die Tage in Amerika und die Hochzeit. »Sag, wie geht's dem Antosz?«, wollte ich wissen.

»Eh gut, man glaubt gar nicht, wie der laufen kann mit seinen Beinchen, da kommt sogar Katchina nur mit ihrer ganzen Power mit. Aber die Leute machen mich narrisch.«

»Wieso, was war?«

»Du, immer wieder dasselbe. Nirgends kannst du hingehen, überall wirst du angestarrt, als wärst du der reinste Tierquäler. Entweder sie schenken dir einen vorwurfsvollen Blick, schütteln die Köpfe oder es kommen herablassende, beleidigende und unqualifizierte Kommentare. Das Freundlichste war noch: ›So was kann man doch einschläfern lassen.‹«

»Unfassbar, wegen den verdrehten Beinchen? Ich pack das nicht. Wie reagierst du denn? Ich würd ja einen Blutrausch bekommen.«

»Entweder ich sag gar nichts mehr, oder ich versuche, ein Gespräch anzufangen, und zieh Vergleiche mit behinderten Menschen und erzähl ihnen, wie wurscht es dem Antosz ist und wie viel Lebensfreude in dem kleinen Kerl steckt. Aber es geht mir echt schon wohin.«

»Das glaub ich gern. Ich bewundere dich, dass du noch den Nerv hast, mit denen zu reden. Und Antosz hat ja nur verdrehte Hax'n, was können sich die Menschen anhören, die Hunde mit viel ärgeren Behinderungen haben, nur zum Beispiel beinamputierten, mal abgesehen von blinden, tauben Hunden?«

»Keine Ahnung, mir fällt nur auf, dass man die nicht sieht. Anscheinend haben die schon resigniert und gehen erst um Mitternacht in schützender Dunkelheit mit ihren Hunden auf die Straße. Echt, du siehst keine behinderten Hunde.«

»Das schreit doch nach Aufklärungsarbeit und nach irgendeinem Weg, damit sich die Besitzer austauschen können. Das kann doch nicht sein, dass man sich verstecken muss, nur weil man einen behinderten Hund hat«, gab ich zu bedenken.

»Sicher keine blöde Idee, allein schon die Suche nach Spezialisten und danach, welche Methoden es gibt, war supermühsam, und ich trau mich zu wetten, dass es nicht nur mir so geht«, berichtete Gabi.

Ich holte noch eine Flasche Lambrusco, füllte den Makkaronisalat nach und klemmte mir einen Notizblock unter die Achseln.

»Jetzt machen wir gleich Nägel mit Köpfen, da muss etwas geschehen«, meinte ich, während ich uns ein Glas eingoss.

»Was stellst du dir vor?«

»Irgendetwas, was sich schnell verbreitet. Schau, du arbeitest zu Hause und bist somit flexibel. Wie wäre es, wenn du als Betroffene eine Plattform machst. Ich helf dir natürlich gerne. Ich könnt das Texten zum Beispiel übernehmen.«

»Das wäre schon eine Supersache. Die Plattform könnte ich als Erstes gleich mit meiner Homepage verlinken.« Gabi war begeistert von dieser Idee.

Wir schrieben auf, was uns einfiel: Themenbereiche, die unbedingt auf diese Plattform mussten, überlegten uns, welche Tierärzte, Physiotherapeuten und Bandagisten uns dabei unterstützen konnten, und vieles mehr. Gabi und ich merkten gar nicht, wie die Zeit verging. Als wir das nächste Mal auf die Uhr sahen, war es bereits ein Uhr nachts durch. Wir hatten mehr als den halben Notizblock vollgeschrieben inklusive eines Entwurfs, wie die Plattform gestaltet sein sollte, und des Namens *Behinderter Hund – Na und?*.

»Ich lad morgen den Klaus zum Essen ein. Das ist ein Freund vom Hans, der hat auch meine Homepage gemacht, der macht das sicher«, meinte Gabi enthusiastisch.

Keine zwei Wochen später ging die Plattform online. Sie verbreitete sich wie ein Waldbrand nach langer Dürre. Offenbar hatten wir in ein Wespennest gestochen. Die bis jetzt unsichtbaren Menschen mit ihren behinderten Hunden trauten sich ans Tageslicht, und keiner von ihnen hatte mehr das Gefühl, alleine zu sein.

Weitere drei Monate später rief mich Gabi aufgeregt an.

»Stell dir vor, ein renommiertes Hundemagazin hat angerufen. Sie wollen etwas über *Behinderter Hund – Na und?* machen.«

»Ist doch toll, das heißt, die Idee war ein voller Erfolg, das freut mich.«

»Ja, aber die wollen einen gestalteten Artikel von mir, in dem ich schreibe, wie es dazu kam und so weiter. Du weißt doch, mehr als ein zweizeiliges Telegramm bring ich nicht fertig. Da bin ich wirklich talentfrei.«

»Das kann ich dir doch machen. Hab schon drei Artikel für verschiedene Zeitungen über die Plattform geschrieben, die stell ich ein bisschen um und fertig.«

»Klasse, danke. Ohne dich wär ich aufgeschmissen«, bedankte sich Gabi.

Kurze Zeit später trat das Magazin abermals an Gabi heran mit der Idee, Antosz könnte doch Reporter werden und in jeder Ausgabe eine Kolumne schreiben. So wurde ich zu Antosz' Ghostwriter.

Antosz, der Krüppelhund, der nach Meinung vieler Menschen einfach eingeschläfert gehört hätte, begann, Karriere zu machen. Er hatte seine eigene Kolumne, war Stargast bei diversen Veranstaltungen und auch über ihn wurde bereits sehr viel geschrieben.

Als wir wieder einmal bei einer Jause zusammensaßen, sagte Gabi zu mir: »Du, die Plattform ist zu klein geworden. Was tun wir jetzt?«

»Du musst einen Verein gründen. Nur so kannst du Gelder lukrieren, denn mittlerweile brauchst du sicher auch größere Summen«, gab ich sachlich zu bedenken.

»Na hoffentlich wächst mir das Ding nicht über den Kopf«, gab Gabi kleinlaut zurück.

»Du schaffst das, da bin ich mir ganz sicher.« Ich wollte sie nicht nur trösten damit, sondern war überzeugt davon.

Und wirklich: In der Zwischenzeit ist es so, dass Gabi kaum noch ihrer Tätigkeit als Fellpflegerin nachkommen kann. Sie ist von einer Tiermesse zur anderen unterwegs. Der Verein wächst und wächst, sogar *hundkatzemaus*, die Tiersendung, die auf VOX läuft, hat schon einen Beitrag gebracht und auch österreichische TV-Formate dieses Genres berichteten.

Unterdessen hat sich Gabi eines zweiten Hundes angenommen – Lilly. Sie ist gelähmt und Rollifahrerin.

Behinderter Hund – Na und? klärt auf, gibt Tipps, vermittelt Plätze für Hunde mit Handicap und unterstützt einkommensschwache Menschen, die einen behinderten Hund haben, bei den Behandlungskosten. Das alles wurde nur durch Antosz möglich, einen kleinen Hund aus einer Tötungsstation.

Antosz der Reporter wurde auch schon zum Hund des Jahres gekrönt. Er tourt fleißig durch die Schulen, um Aufklärungsarbeit zu leisten, besucht behinderte Kinder, die sich dem kleinen Kerl öffnen und viel Spaß haben. Promis lassen sich gerne mit ihm fotografieren. Der ehemalige Fußballprofi Frenkie Schinkels war einer davon, auch er hatte Antosz gleich ins Herz geschlossen und spielte eine Runde Fußball mit ihm. Alles gute Aktionen, die dazu dienen, dass sich die Öffentlichkeit dem Thema gegenüber etwas toleranter verhält. Nicht zu vergessen ist der HandicapDay for Dogs, so eine Art Paralympische Spiele für Hunde. Dieser begann als kleine Veranstaltung, um Menschen zu zeigen, wie viel Spaß und Energie in behinderten Hunden steckt und was sie alles leisten können trotz ihrer verschiedenen Handicaps. Bereits im zweiten Jahr wurde aus der kleinen Veranstaltung ein großer Event.

Zwischenzeitlich musste sich Antosz einer Operation unterziehen, er hatte einen Tumor am Ohr bekommen. Jetzt hat er ein Micky-Maus-Ohr, aber es geht ihm gut und er ist auch wieder im Einsatz. Antosz hat sich auch einen Künstlernamen zugelegt – er nennt sich: Mr. Krummbein.

Antosz ist für mich ein wunderbares Beispiel dafür, dass Tierschutz eine fantastische und wichtige Sache ist. Er wurde nicht nur aus einer Tötungsstation gerettet, durch ihn rückten auch Hunde mit Handicap in den Blickpunkt der Öffentlichkeit, erfuhren Akzeptanz und bekamen jede Menge Hilfe.

25

Manchmal bin ich auch Dompteur

Es war an einem der Tage, an denen wir erst um vier Uhr nachmittags öffneten. Dementsprechend ungestresst startete ich in den Tag. Mein Handy läutete, und der Klingelton verriet, dass Babs etwas von mir wollte.

»Hallo, was gibt's?« Mit der knappen Begrüßung wollte ich eine ebenso knappe Auskunft erwirken.

»Guten Morgen. Sag, könntest du heute schon eine Stunde früher kommen?«

»Warum?«

»Na ja, es wäre wegen des Katers meiner Mutter.« Babs kam einfach nicht zum Kern der Sache.

»Was ist denn mit ihm?«

»Der bräuchte eine Impfung und das Blut sollten wir uns auch wieder einmal ansehen, vielleicht braucht er auch eine Infusion.« In kleinen Häppchen erteilte Babs Auskunft, so als wäre es eine Top Secret Mission.

»Wieso, wo fehlt's denn? Aber dafür brauchen wir doch keine Stunde.«

»Das glaub ich schon. Der ist schon älter und hat Nierenprobleme. Meine Mutter hat mich gerade angerufen und gesagt, dass er schon wieder aus dem Klo trinkt.«

»Was tut er?« Ich konnte mir das Lachen nicht verbeißen.

Auch Babs kicherte am anderen Ende der Leitung: »Ja, das macht er immer, wenn er wieder einmal größere Probleme hat.«

»Ja, gut. Ich bin halt eine Stunde früher da.«

Mir war aber noch immer nicht klar, wofür Babs eine Stunde einkalkulierte. Blut abnehmen, selbiges auswerten, eine Impfung und eventuell eine Infusion, das ist entspannt in zwanzig Minuten zu erledigen.

Als ich in der Praxis eintraf, stand schon ein Transporter im Behandlungszimmer. Gerade als ich einen Blick auf den Patienten werfen wollte, rief Babs mir entgegen: »Hallo Karin, geh bitte, sei so lieb, wirf den Computer an und schau dir seine letzten Nierenwerte an. Ist schon einige Zeit her und die weiß ich wirklich nicht mehr.«

»Mach ich«, gab ich kurz zurück.

Babs hatte sich von einem Bekannten ein eigenes Praxisprogramm schreiben lassen. Ich liebte die übersichtliche Oberfläche der Patientenkarteien, alles, was einen interessierte, war auf einen Blick zu sehen. Auch hatte man verschiedene Suchmöglichkeiten, man konnte mit dem Namen des Tieres oder des Besitzers, aber auch mit dem Geburtsdatum oder der Adresse ans Ziel kommen. Ich gab den Namen von Babs' Mutter ein und da war auch schon die gesuchte Kartei. Das Erste und Wichtigste, was ich sah, war der Eintrag – *Cave!!!*

Cave ist Latein und bedeutet so viel wie: Hüte dich. Anhand der Anzahl an Ausrufezeichen wusste ich, was mir blühte. Cave ohne Ausrufezeichen bedeutete: etwas übellaunig bis biestig. Drei Ausrufezeichen waren also quasi Alarmstufe Rot.

»Hast du ihn gefunden?«, fragte Babs.

»Allerdings. Scheint ja eine wahre Frohnatur zu sein«, stellte ich fest.

»Kann man so sagen. Ich kenne keinen Schlimmeren. Bei dem musst du wirklich aufpassen, das wird kein Spaß. Ich impf den normalerweise nur im Zwangskäfig, weil ich nicht lebensmüde bin, aber wir brauchen auch das Blut, des wird a Hetz'. Am besten, wir trinken vorher noch einen Kaffee.«

»Na, da bin ich gespannt, wenn du das schon so sagst.« Ich folgte Babs ins Obergeschoss.

»Das trau ich mich nur mit dir zu machen, weil ich deinen Griff kenn und dass du ums Verrecken nicht loslässt.« Mir schwante Fürchterliches, wenn Babs mir Rosen streute.

»Und wie hast du das letzte Blut aus ihm rausbekommen?« Ich war neugierig geworden.

»Ich hab die Mutter nach Breitensee in die Tierklinik geschickt, sollen doch auch die Kollegen ihren Spaß haben«, kicherte Babs und nahm einen Schluck Kaffee.

Es half ja nichts, wir mussten uns der Aufgabe stellen. Also gingen wir hinunter in den Behandlungsraum. Ich warf einen Blick in den Transporter, damit ich sah, in welcher Richtung der Kater saß und wie ich hineingreifen musste. In dem Fall hatte ich genau einen Versuch, es musste schnell gehen und der Griff musste sitzen.

»Auch das noch, ein Maine Coon«, entfuhr es mir.

»Ja, und ein Prachtkater von neuneinhalb Kilo«, gab Babs zurück.

Ich sammelte mich kurz, um absolut konzentriert zu sein. Meine Strategie ging auf, mit einem schnellen, beherzten Griff hatte ich den Kater aus dem Transporter geholt und auf dem Tisch. Er war sichtlich überrascht, und ich spürte, wie für einen Augenblick seine Muskulatur entspannte. Ich nutzte die Situation aus, um meinen Griff etwas zu korrigieren, denn vielleicht war das die letzte Möglichkeit dazu. Der Moment der Entspannung diente ihm nur dazu, um sich zu sammeln, das kannte ich schon zu gut.

»Geht's? Hast du ihn?«, fragte Babs.

»Passt. Wenn's für dich geht, wäre es toll, wenn du den Tisch etwas runterfährst. Weiß ja nicht, was dem einfällt, vielleicht muss ich rauf, und auslassen kann ich den nicht, also wäre es super, wenn ich das mit einem Hops schaffe.«

»Kein Problem, du bist der Hauptakteur, für dich muss es passen. Was willst du als Erstes machen?« Wenn Babs so streichelweich war, dann war die Lage ernst.

»Lass uns das Blut bekommen. Impfen und infundieren können wir auch im Zwangskäfig.«

»Guter Plan, den hab ich auch schon griffbereit. Wirst du es schaffen, ihn auch zu stauen?«

Babs bevorzugte es, wenn ich die Tiere bei der Blutabnahme mit der Hand staue. Irgendwie stand sie mit Stauschläuchen auf Kriegsfuß.

»Nachdem ich auch schon Neufundländer gestaut habe, wird das schon gehen.«

Ich festigte meinen Griff, drehte den Kater in Position und fasste mit der anderen Hand nach seiner Tatze. Babs drehte die Rasiermaschine auf, um einen kleinen Fleck von seinem dichten Fell zu entfernen. Bärchen, so hieß der Kater, weil seine Fellzeichnung an die eines Waschbären erinnerte, mochte das Geräusch der Maschine gar nicht und setzte sich mit seinem ganzen Körper und Gewicht zur Wehr.

»Scheiße, bitte lass ihn nicht los«, flehte Babs.

»Auf keinen Fall.« Mit einem Satz kniete ich bei ihm auf dem Tisch. Ich fixierte seinen Hinterkörper zwischen meinen Beinen, festigte nochmals meinen Griff in seinem Nacken und zog ihm sein Vorderbein lang.

»Bei mir nicht, Bärchen, wir werden das jetzt durchziehen«, flüsterte ich ihm ins Ohr.

Er gab nicht auf, fauchte und versuchte, sich mit seinem ganzen Körper zu wehren. So ein Kaliber an Kater war wirklich nicht einfach zu bändigen. Bärchen war in Fahrt. Ich hatte bereits einen Krampf in meinen Fingern, aber um keinen Preis lockerte ich den Nackengriff. Er versuchte immer wieder, sich daraus zu befreien, und zuckte auch immer wieder mit der Tatze, sodass Babs nicht aufs erste Mal die Vene traf. Nach Anlauf Nummer drei war Babs aber drin und das Blut rann in das Röhrchen. Sicherheitshalber verschloss sie es gut und brachte es nach nebenan.

»Sicher ist sicher, falls er uns auskommt, dass es nicht verschüttet wird.«

Als Babs zurückkam, hatte sie auch schon die Impfung aufgezogen und wollte eine Genickfalte nutzen, um ihm die Spritze unter den Pelz zu jagen.

»Au«, schrie ich auf.

»Verdammt, hab ich dich erwischt? Das tut mir leid, aber ich hab nichts gesehen, war ein Blindflug.«

»Kann passieren, aber jetzt mach schnell, lang mag ich den nicht mehr fixieren.« Ich war definitiv nicht böse, in der Hitze des Gefechts konnte das schon vorkommen.

Kaum war die Impfung in Bärchen drinnen, hielt Babs den Zwangskäfig auf, ich schob meine zweite Hand unter mir durch und packte den Kater an seinem hinteren Ende, bevor ich meine Beine lockerte und ihn in den Käfig beförderte. In derselben Sekunde, als ich meine Hände von dem Tier löste, ließ Babs den Deckel fallen und verschloss das Ding.

»Alte, du bist der Hammer. Echt, auf dich kann man sich verlassen. Was du einmal im Schwitzkasten hast, lässt du nicht mehr los, fabelhaft, nicht einmal, wenn ich dir noch eine Spritze in den Finger jage.«

Babs war offenbar sehr erleichtert, dass wir den heikelsten Teil hinter uns gebracht hatten. Wir werteten das Blut aus und Bärchen bekam seine Infusion im Zwangskäfig. So leid mir das auch immer tat, aber wenn wer derart unkooperativ war, ging es nicht anders.

»Jetzt hast du dir aber eine Zigarettenpause verdient«, meinte Babs.

»Ja, falls ich sie noch halten kann«, sagte ich lachend. Meine Finger schmerzten allerdings anständig. Wenn man ein Tier so stark und lange fixieren muss, dass man Krämpfe bekommt, dann spürt man es doch noch einige Zeit.

Wir standen mit einer Tasse Kaffee und einer Zigarette im Garten und waren beide erleichtert, dass die Bärchen-Aktion vorbei war.

»Könntest auch als Löwendompteur beim Zirkus arbeiten, ich schreib dir auch ein gutes Zeugnis dafür.« Babs kicherte in ihren Kaffeebecher hinein.

Kurze Zeit später kam Hilde, Babs' Mutter, durch den Garteneingang.

»Na, hat er wieder ordentlich Theater gemacht?«, fragte sie schon von Weitem.

»Kennst ihn ja, aber er ist schon fertig, du kannst ihn gleich mitnehmen«, entgegnete Babs ihrer Mutter.

»Und ich würd es begrüßen, wenn du das nächste Mal wieder die Tierklinik beglückst«, ergänzte ich scherzhaft.

»Keine Ahnung, warum sich der immer so gebärdet, daheim ist der so ein Schmusebär.« An Hildes Tonfall konnte man hören, dass ihr das Benehmen ihres Katers etwas unangenehm war.

In der ersten Stunde der regulären Öffnungszeit tat sich dann rein gar nichts. Darüber war ich doch recht froh, so konnten sich meine Finger zumindest erholen.

Unser nächster Patient war ein Teddyhamster, in dessen Mäulchen sich irgendetwas verkeilt hatte. Der kleine Mann wollte sich aber partout nicht hineinschauen lassen. Fest anpacken konnte man so einen Hamster ja nicht, das sind eher fragile Tierchen.

»Bin gleich wieder da«, sagte ich, ging hinauf in Babs' Privaträume und schmierte mir etwas Erdnussbutter auf den Finger.

»Dazu wird er nicht Nein sagen«, meinte ich und präsentierte meinen erdnussbutterbeschmierten Finger.

Allerdings lief mein Versuch anders als gedacht. Der kleine Kerl leckte nicht an meinem Finger, sondern biss draufgängerisch zu und hing dann daran. Kiefersperre, er konnte also gar nicht von mir ablassen. Er hatte so unglücklich in meinen Zeigefinger gebissen, dass er mit den oberen Zähnen auf einer Seite und mit den unteren auf der anderen Seite meines Fingers festhing und die ganze Öffnungskapazität seines Mäulchens damit ausgereizt hatte.

»Perfekt, so seh ich gut hinein. Da steckt ein Stück Stroh quer. Das haben wir gleich«, meinte Babs begeistert. Sie entfernte das Strohhälmchen mit einer Pinzette und half mir, den Hamster wieder vom Finger zu bekommen.

»Wenigstens war es der andere Finger und nicht der, in den ich heute schon reingestochen habe«, musste Babs lachen.

»Ja, der Finger, den du an den Tibet-Terrier genäht hast. Aber die Tetanusimpfung von damals ist Gott sei Dank noch aktiv, denn für heute hätte ich schon genug«, erwiderte ich und musste nun auch selbst lachen.

»Glaub ich dir, aber die Position des Hamsters war perfekt. Gute Idee mit der Erdnussbutter.«

»Danke, aber geplant war es etwas anders.« Ich reinigte und desinfizierte meinen Finger und klebte ein Pflaster drauf.

Als kleine, göttliche Entschädigung waren die nächsten Patienten eine streichelweiche Katze, so etwas gibt es auch, und eine Flat-Coated-Retriever-Dame, die in mich unglaublich verschossen war. Seit ihrem ersten Besuch bei uns in der Praxis liebte mich dieser Hund und die herzliche Begrüßung zwischen uns nahm immer gut zehn Minuten in Anspruch.

»Alles, was ich sagen muss, wenn wir zur Türe hinausgehen, ist: ›Wir gehen zur Karin.‹ Dann zischt die ab wie eine Rakete«, erzählte ihre Besitzerin, die immer erst einige Minuten nach ihrem Hund die Praxis erreichte. Mimi, so der Name der Hündin, stand dann immer bellend vor der Türe, damit ihr jemand öffnete.

Babs unterhielt sich zwischenzeitlich mit Frau Schneider, der Besitzerin, und Mimi schlabberte mich ab. Es endete wie immer: Wir kugelten auf dem Boden herum und hatten ungestümen Spaß miteinander.

»Mich würde wirklich interessieren, warum die so einen Narren an ihr gefressen hat. Mit niemandem führt sie sich so auf. Nicht mit mir, nicht mit meinem Mann oder den Kindern«, sagte Frau Schneider zu Babs.

»Das lässt sich wohl kaum ergründen, wo die Hundeliebe hinfällt. Aber das hat den Vorteil, dass Mimi den Tierarztbesuch als nichts Negatives empfindet«, gab Babs zurück.

»Sicher haben Sie recht, gegen so viel Zuneigung ist eh kein Kraut gewachsen.«

Mimi bekam ihre Routineuntersuchung und ihre Jahresimpfung. Die Verabschiedung zwischen uns dauerte noch einmal so lange wie die Begrüßung, nur mit dem Unterschied, dass Mimi für den Weg nach Hause an die Leine musste.

Das sind die großartigen Momente in diesem Beruf. Sie entschädigen einen für so vieles andere, was man erlebt. Diese Augenblicke sind für mich das reinste Glück und bestätigen mich in meiner Meinung, dass ein Leben ohne Hund zwar möglich, aber sinnlos ist.

26

Bloß nicht mehr wundern

Unter den Tierbesitzern gibt es unzählige verschiedene Ausprägungen: Da gibt es jene, denen man mit Vernunft nicht beikommt, wie die Besitzer des Tibet-Terriers zum Beispiel, sonderbare, überhebliche Besserwisser, die eine Katerkatze halten, oder ebenjene, bei denen es mir schwerfällt, die richtigen Attribute zu finden – hierzu kann ich nur auf das Kapitel *Die Flodders gibt es überall* verweisen. Daneben gibt es die Grundgütigen, bei denen man darauf achten muss, dass die Tierliebe nicht in die falsche Richtung losgeht und zum *Animalhorting* ausufert, weil sie alles Mögliche an Getier in ihrem Garten halten.

Dann noch Überfürsorgliche, für die man einen Wintergarten zu einem Operationssaal umbauen muss, und solche, die eine so große Liebe zu ihrem Tier empfinden, dass sie sie blind macht und ihnen dadurch die Wahrnehmung für den Zustand ihres vierbeinigen Freundes trübt, was an Tragik oft kaum zu überbieten ist.

Und schließlich gibt es da noch welche, bei denen muss ich mich ordentlich am Riemen reißen, damit ich meiner Wut nicht freien Lauf lasse. Ein gutes Beispiel hierfür war der Berner Sennenhund, ich habe ihn kurz in einer anderen Anekdote erwähnt, Ihnen aber noch nicht die ganze Geschichte erzählt.

Besagter Sennenhund hatte eine eitrige Ohrenentzündung, die weder Babs noch ich in einem solchen Ausmaß je gesehen hatten und auch nie wieder sehen sollten. Abgesehen von dem üblen Geruch, der sich sehr rasch in der Praxis ausbreitete, sah man dem Hund an, dass seine Erkrankung bereits stark fortgeschritten war. Er hatte Gleichgewichtsschwierigkeiten, eine Schiefhaltung des Kopfes und einen Nystagmus, das heißt, dass seine Augen ständig hin und her gingen. Alles untrügliche Anzeichen einer Innenohrentzündung, die längst chronisch war. Wenn einmal dieser Zustand erreicht ist, muss schnell gehandelt werden, da ein Übergreifen auf das Gehirn bevorsteht. Die Menge an Eiter, die aus seinem Ohr rann, ließ den Verdacht aufkommen, dass bereits ein Hörverlust eingetreten war.

Babs und ich mussten uns in so einem Fall immer beherrschen, denn uns fehlte es an Verständnis, dass man es so weit kommen ließ.

Die Besitzer, ein Ehepaar in den mittleren Jahren, optisch ziemlich unauffällig, erklärten, es seien bislang schon etliche verschiedene Antibiotika und diverse Ohrentropfen versucht worden, doch es habe alles nichts geholfen. Allein uns fehlte der Glaube, hier war einfach nicht zeitgerecht eingegriffen worden, und wir waren wie schon so oft mit Besitzern konfrontiert, die nicht bemerkten, dass ihr Tier Schmerzen und Schwierigkeiten hatte.

»Der Zug für eine medikamentöse Behandlung ist meiner Meinung nach abgefahren. Aber eine kleine Operation würde dem armen Kerl helfen«, versuchte Babs, in einem coolen Ton zu erklären.

»Kommt überhaupt nicht infrage. Was das wieder kostet. Und überhaupt hat er genug gelitten. Ihr Tierärzte zieht einem ja doch nur das Geld aus der Tasche und nichts nützt wirklich. Alles, was wir möchten, ist, dass Sie ihn einschläfern«, gab der Mann zurück.

Babs und ich schauten uns für einen kurzen Moment fassungslos an, wir konnten nicht glauben, was wir da hörten. Dem Hund war mit einem kleinen Eingriff geholfen. Im Normalfall neigte ich dazu, Babs irgendwie zurückzuhalten, aber jetzt sollte sie ruhig in Bulldozermanier über die beiden kommen.

»Mit Sicherheit werde ich einen ansonsten gesunden und noch dazu jungen Hund, dem mit einem kleinen Eingriff geholfen werden kann, *nicht* einschläfern. Ich empfinde es als Frechheit, so etwas von einem Tierarzt zu verlangen. Abgesehen davon sind wir auch kein geldgieriges Pack, denen nur an monetärem Erfolg etwas liegt und nicht an den Tieren. Hier sieht es eher danach auch, dass Sie Ihr Tier sträflich vernachlässigt haben und von mir die Drecksarbeit verlangen, damit Sie keine Kosten mehr haben und sich um nichts mehr kümmern müssen.« Babs schrie so laut, dass man bereits hörte, wie die Wartenden im Vorraum zu tuscheln begannen.

»Das ist *mein* Hund, und da kann *ich* bestimmen, was geschieht und was nicht. Eine Einschläferung ist sicher am billigsten, und den Gestank, den der verbreitet, erträgt ja auch keiner, das riecht schon nach Verwesung«, brüllte der Mann jetzt Babs an.

Um dem Ganzen ein Ende zu bereiten, mischte ich mich nun ein. Ich griff nach dem Halsband des Hundes und zog ihn hinter mich.

»Das Beste ist doch für alle, wir ziehen den Hund ein und Sie haben weder Kosten noch andere Umstände, die Ihnen zuwider sind.« Ich war wirklich der Meinung, damit wäre der Fall gelöst und wir könnten dem Hund helfen.

Da polterte der Mann auf mich zu, gab mir einen Stoß, dass ich gegen den Schrank, der hinter mir stand, fiel, und entriss mir wieder den Hund. »Sicher nicht, das ist meiner, und ich will nicht, dass er dann woanders hinkommt. Ich will, dass er eingeschläfert wird, und das möchte ich sehen. Irgendein Tierarzt wird sich schon finden, sonst macht's ja auch alles für Geld«, grölte er, während er die Türe aufriss und sich seinen Weg nach draußen bahnte.

»Hat er Ihnen etwas getan?«, fragte mich Herr Svoboda, einer unserer Stammkunden, als ich ebenfalls aus dem Behandlungsraum stürzte.

»Passt schon. Kann nur irgendjemand bitte schauen, ob die in ein Auto steigen, und sich die Kennzeichennummer notieren?«, ersuchte ich die wartenden Männer, da uns das Ehepaar fremd war und es sich auch nicht vorgestellt hatte.

Herr Svoboda drückte mir seinen Katzentransporter in die Hand und lief dem Ehepaar hinterher.

»Können wir helfen?«, fragten einige.

»Ja gerne, Telefondienst. Wir müssen alle Kliniken und Tierärzte verständigen, dass diese Unmenschen unterwegs sind, vielleicht kann sie einer der Kollegen festnageln oder hinhalten. Wir versuchen, den Amtsveterinärarzt zu erreichen«, erklärte ich und zog eine Liste mit den Telefonnummern der anderen Kollegen und Tierkliniken hervor.

Alle zückten fast gleichzeitig ihre Handys und begannen zu telefonieren. Da kam auch Herr Svoboda wieder zurück und schwang einen Zettel in der Luft hin und her: »Ich hab's, die Autonummer!«

»Ich hab die Handynummer vom Amtsveterinär eingespeichert«, rief Babs in meine Richtung und ging schnellen Schrittes in den Garten. Im Warteraum konnte man nicht mehr in Ruhe telefonieren, alle hingen an ihren Geräten und verständigten sämtliche Kollegen.

Toll zu sehen, wie alle an einem Strang zogen. Ich nahm Herrn Svoboda den Zettel mit der Autonummer ab und folgte Babs in den Garten. Sie hatte bereits Doktor Klein, den Amtsveterinärarzt, an der Strippe und erzählte ihm den Vorfall. Ich wackelte vor ihrer Nase mit dem Zettel herum, sie griff ihn und gab Doktor Klein die Kennzeichennummer durch.

»Der hat schon seine Freunde und Verbindungen. Die kommen sicher nicht davon. Hast du dir was getan, das hat ja ziemlich gekracht, wie du gegen den Schrank gefallen bist?«

»Werden nur ein paar blaue Flecke werden, sonst scheint alles ganz zu sein«, erwiderte ich. »Im Warteraum telefonieren circa fünfzehn unserer Stammkunden alle Kliniken und Kollegen durch, ich find das total super zu sehen, wie man sich auf die meisten unserer Leute verlassen kann.«

Babs und ich zündeten uns auf den Schrecken und Ärger eine Zigarette an und unterhielten uns noch über den Vorfall, den wir nach wie vor nicht fassen konnten. Zwanzig Minuten später fuhren wir mit der Behandlung der anderen Patienten fort. Im Warteraum herrschte immer noch Aufregung und Empörung.

Keine Stunde später klingelte Babs' Handy. »Ist der Doktor Klein«, bemerkte sie und verschwand im Garten. Herr Svoboda und seine Katze waren gerade im Behandlungsraum.

»Na, da bin ich jetzt aber auch gespannt«, äußerte Herr Svoboda und wartete geduldig auf Babs' Rückkehr.

»Ha, war ein Glück, dass dich der so angegangen ist. Doktor Klein hat das benützt und die Polizei verständigt. Die haben ihn erwischt drüben im 23. Bezirk, anscheinend war er auf dem Weg zum Dieter«, erzählte Babs. Dieter war ein befreundeter Tierarzt. »Gute Arbeit, Herr Svoboda, ohne Sie hätte die Polizei den nicht so schnell erwischt«, fuhr sie fort.

»Keine Ursache, ist doch Ehrensache, so darf man sich nicht ungestraft aufführen. Was passiert jetzt mit dem Hund?« Herr Svoboda war sichtlich geschmeichelt.

»Den bekommen wir wieder rein.« Babs wandte sich an mich. »Bist du bereit für unbezahlte Überstunden und eine Operation?«

»Immer doch in solchen Fällen«, war meine knappe Antwort.

»Sie beide sind ein Glück für alle Tiere. Erlauben Sie mir, weil doch unsere gute Karin von dem Wahnsinnigen angegriffen wurde und jetzt auch noch Überstunden machen muss, dass ich einen kleinen Teil der Kosten für die Medikamente und Sonstiges übernehme.« Herr Svoboda zog einen Hunderteuroschein aus seinem Portemonnaie und legte ihn auf den Behandlungstisch.

»Aber das ist wirklich nicht notwendig«, entgegnete ich.

»Nein, da bestehe ich jetzt drauf.« Beharrlich schob er den Schein auf meine Seite.

»Da sag ich danke im Namen von Florian.«

»Wer ist Florian?«, fragte Babs.

»Der Berner Sennenhund. Ich finde, der sollte Florian heißen«, offenbarte ich meine Eingebung.

Da Herrn Svobodas Katze außer einem Haarballen nichts weiter drückte und er so nett war und einen Teil der Kosten für Florian übernahm, berechneten wir ihm selbstverständlich nichts für seine eigene Konsultation bei uns. Er unterrichtete die anderen im Wartezimmer über den Ausgang der Aktion und darüber, dass der Hund heute noch von uns operiert werden würde, was allgemeinen Applaus auslöste. Babs und ich lächelten uns zufrieden an.

Während Florians Operation unterhielten wir uns darüber, was nun mit dem hübschen Kerl passieren sollte.

»Ich glaub, ich hab da eine Idee. Lass uns den Eingriff fertig machen und dann check ich mal die Lage ab.« Mehr wollte ich noch nicht verraten, da ich selbst noch nicht wusste, ob es überhaupt so funktionieren würde, wie ich mir das vorstellte.

Als wir fertig waren und Florian im Röntgenraum auf eine weiche Decke gebettet seine Narkose ausschlief, meinte Babs: »Jetzt gehst du rauf, machst dir einen Tee, rauchst in Ruhe eine und checkst deine Idee ab. Ich mach heute hier mal alles sauber, ich seh doch, dass dir deine Schulter wehtut.« Derart fürsorglich kannte ich Babs gar nicht.

Oben in Babs' Privaträumen goss ich mir einen Tee auf und setzte mich auf den Balkon, zündete mir eine Zigarette an und blickte auf die Uhr. Viertel nach neun, um die Uhrzeit konnte ich meine Freundin Ilse noch anrufen.

Ilse hatte vor knapp einem Jahr ihren Hund Teddy nach sechzehn glücklichen Jahren verloren. Verwunden hatte sie den Verlust noch immer nicht. Für Florian wäre es ein perfektes Zuhause und Ilse würde es vielleicht etwas über ihre Trauer hinweghelfen. Noch dazu hatte sie eine Schwäche für große Hunde, das war meine Idee. Ich rief sie an und erzählte ihr ausführlich die Geschichte von Florian und was heute alles vorgefallen war.

In der Zwischenzeit war auch Babs nach oben gekommen und setzte sich zu mir auf den Balkon. Ganz gegen ihre Art wartete sie in Ruhe ab, bis ich mit meinem Telefonat fertig war.

»Wen hast du denn angerufen?«, wollte sie wissen.

»Meine älteste Freundin Ilse, weißt schon, die mit dem Schäfermix Teddy.«

»Ach ja, kann mich erinnern, und …?«

»Florians neues Frauchen«, lächelte ich triumphierend.

»Klasse, wer hätte gedacht, dass die ganze Geschichte so gut ausgeht? Und wann holt sie ihn?«, wollte Babs noch wissen.

»Sie nimmt sich morgen Nachmittag frei und kommt her. Ich dachte, dass Florian noch bis morgen hierbleibt, dann können wir ihn nochmals nachuntersuchen und ihn medikamentös versorgen. Denk', das ist besser so, und noch im Narkosehalbschlaf das Zuhause und dazu noch den Besitzer zu wechseln, find ich auch nicht optimal.«

»Ja, das hast du gut durchdacht. Hier hast einen Fünfziger. Der alte Svoboda wollte sicher, dass wir teilen.« Babs streckte mir den Schein entgegen. Damit überraschte sie mich bereits zum zweiten Mal an diesem ereignisreichen Tag.

Zufrieden mit mir und der Welt ging ich nach Hause. Bei einem Gläschen Portwein erzählte ich Ernst die heutigen Vorkommnisse und dass unsere liebe Freundin Ilse einen neuen Gefährten hat.

»Hast du den Idioten angezeigt? Immerhin war das ein tätlicher Angriff und Körperverletzung. Ein Glück, dass ich nicht drüben war, ich hätt den windelweich geprügelt.«

Ernst konnte es auf den Tod nicht ausstehen, wenn wer so mit einem Hund umging, und erst recht nicht, wenn jemand gegen mich die Hand erhob.

»Nein, ich bin froh, wenn ich den Trottel nicht mehr sehen muss, und das Wichtigste ist, dass dem Hund geholfen wurde«, versuchte ich, ihn zu beschwichtigen.

»Schön, dass er bei Ilse unterkommt. Da hat er sicher ein tolles Leben«, freute sich nun auch Ernst für Florian.

Tags darauf stand kurz nach zwölf Ilse vor meiner Türe. Wir gingen hinüber in die Praxis. »Wir haben alle Zeit der Welt, wir öffnen erst um vier Uhr. Also könnt ihr euch in Ruhe kennenlernen«, erklärte ich ihr.

Das war unnötig, wie sich zeigte. Es war Liebe auf den ersten Blick, sowohl von Ilse als auch von Florian.

Babs erklärte ihr die gestrige Operation und dass er wahrscheinlich auf diesem Ohr taub bleiben würde und machte mit Ilse einen Termin für eine weitere Nachuntersuchung aus. Ich gab ihr noch die Medikamente für Florian und die dazu nötigen Anweisungen für die Verabreichung mit.

»Kastriert sollte er auch werden. Aber das eilt jetzt nicht so. Das machen wir kostenlos als Dankeschön, dass du ihm so schnell ein neues, gutes Zuhause schenkst. Damit bist du doch auch einverstanden?« Die Frage ging an mich.

»Na klar, kein Thema. Die Nachuntersuchung und die Medikamente sind selbstverständlich auch gratis. Unsere Eigenkosten für die Operation hat ein Stammkunde von uns übernommen«, ergänzte ich.

Babs, Ilse, Florian und ich waren einfach nur glücklich über diesen Ausgang.

Florian lebte sich bei Ilse ganz schnell ein und die beiden sind bis heute ein unzertrennliches Gespann.

Die Nachmittagssprechstunde verlief im Großen und Ganzen ruhig, allerdings möchte ich Ihnen die Begegnung mit einer weiteren Kategorie der verschiedenen Arten von Tierbesitzern nicht vorenthalten – den Esoterischen. Eine dieser Spezies kam in Gestalt einer Kaninchenhalterin in unsere Praxis.

Diese Frau erschien, oder besser gesagt, sie schwebte in unsere Praxis. Hochtoupiertes graues und zu einem alternativen Nest zusammengestecktes Haar. Gehüllt war sie in ein luftig-lockeres weißes Blüschen und einen weiten, langen, ebenfalls weißen Rock. Der Patient, ein Kaninchen, saß in einem geflochtenen Weidenkörbchen.

In blumigen Worten schilderte die Frau die Beschwerden des Kaninchens. Kurz gesagt und auf den Punkt gebracht, hatte es leichte Verdauungsbeschwerden. Ein klassischer Fall einer Wetterkolik. Ich bereitete die übliche Dosis Coffeavet-Tropfen zur Kreislaufunterstützung und Sab-Simplex-Tropfen, die das Abgasen erleichtern sollten, vor.

Viele von Ihnen kennen Sab-Simplex-Tropfen noch aus der Zeit, als Ihre Kinder Babys waren und speziell die Jungs Unterstützung brauchten. Das sei hier nur deshalb erwähnt, um zu erläutern, dass es sich hierbei um absolut unbedenkliche Medikamente handelt.

Dieser Cocktail half im Allgemeinen rasch und unkompliziert. Da dieses Kaninchen offenbar unter ständiger Beobachtung stand, war es eine beginnende Kolik.

Babs meinte, dass die Frau ein Vorbild sei für viele Halter von Nagetieren, weil sie eben ihr Kaninchen so streng beobachtete. Damit hatte sie schon recht, und auch damit, dass das Gemisch an Tropfen höchstwahrscheinlich ausreichte, damit sich der kleine Kerl wieder besser fühlte. Falls es doch nicht reichen sollte, gab es noch die Möglichkeit einer Infusion mit zwei anderen Medikamenten, aber es sah eher nicht danach aus.

Babs sah sich das Karnickel trotzdem nochmals an, um der Besitzerin ein gutes Gefühl zu geben. Dabei bemerkte sie einen kaputten Backenzahn und erläuterte, dass dieser unbedingt raus müsse, sobald sich das Kaninchen wieder erholt hätte. Sie erzählte die Geschichte unserer Trixi in allen Einzelheiten als Beispiel dafür, wie wichtig das schnelle Handeln bei Zahnproblemen war. Mir war schrecklich langweilig, das langwierige Blabla schien kein Ende zu nehmen. Als Babs dann endlich fertig war, wollte ich dem Karnickel die Tropfen einflößen, da schrie die Besitzerin: »Stopp! Das geht so nicht.«

»Weil?«, fragte ich kurz. Ich hatte mich wirklich erschrocken, so laut und überraschend kam ihr Stopp.

»Legen Sie bitte die Medikamente auf den Tisch«, forderte sie mich auf.

»Ich versteh noch immer nicht, was los ist?«, fragte ich und legte die mit den Tropfen gefüllte Kanüle auf den Behandlungstisch.

»Ich auch nicht. Gnädige Frau, wo liegt denn das Problem?«, fragte Babs.

»Ich muss die Medikamente und das Kaninchen erst auspendeln. Man kann das nicht einfach so verabreichen. Wer weiß, ob es der richtige Zeitpunkt ist und ob das Kaninchen und die Medikamente zusammenpassen«, erklärte sie uns.

Babs und mir fiel es nicht leicht, uns zusammenzureißen und nicht loszulachen.

»Na, dann lassen wir Sie kurz alleine. Damit wir nicht vielleicht irgendwelche störenden Schwingungen verbreiten«, entgegnete ich ihr und zog Babs am Ärmel hinaus.

Wir hatten es eilig, in den Garten zu kommen, da konnten wir wenigstens leise kichern, sonst wären wir wahrscheinlich geplatzt.

»Oh Gott, man glaubt es nicht, wer einem so unterkommt. Aber besser so als wie der Typ von gestern«, gluckste Babs.

»Allerdings, aber schräg finde ich das trotzdem.«

Nach zehn Minuten steckten wir leise und vorsichtig die Köpfe durch die Türe zum Behandlungszimmer. Die Besitzerin des Kaninchens winkte uns herein.

»Das geht in Ordnung, Herkules ist bereit für den Empfang der Medikamente«, sagte sie mit leiser und durchdringender Stimme.

Herkules als Name für das Kaninchen war uns jetzt doch zu viel. Babs und ich vermieden Blickkontakt, wir wussten, wenn wir uns jetzt ansehen würden, könnten wir uns das Lachen nicht verkneifen.

Ich hoffte inständig, dass Herkules kooperativ sein und die Arznei schnell hinunterschlucken würde. Babs verzog sich hinaus zum Computer und legte die Patientenkartei an.

Herkules schluckte schnell und brav, und so konnte ich auch rasch das Behandlungszimmer verlassen. Ich konzentrierte mich auf unseren Operationskalender und suchte nach einem freien Termin zur Backenzahnentfernung.

Babs wies die Dame an, noch mal vorbeizukommen, sollte es dem Kaninchen in einer Stunde nicht besser gehen. Ich schob ihr einen Zettel mit dem Termin für die Zahnentfernung hinüber.

»Den kann ich Ihnen so nicht bestätigen«, meinte die Weißgewandete.

»Wäre Ihnen ein anderer lieber?«, fragte ich nach.

»Das kann ich Ihnen nicht sagen, dazu muss ich mir erst Herkules' Geburtshoroskop und das Tageshoroskop des Termins ansehen. Ich werde Sie anrufen, an welchem Tag und zu welcher Stunde der Eingriff durchführbar ist.«

»Es wäre schön, wenn sich eine günstige Konstellation finden ließe, die auf einen Dienstag oder Donnerstag zwischen zwölf und drei Uhr fällt, denn da operieren wir für gewöhnlich«, klärte ich sie so sachlich wie möglich auf. Das »Alter Schwede, mir langt es langsam, man kann es auch übertreiben« ersparte ich mir.

Nachdem diese esoterische, weißgewandete, schräge Person an diesem Tag nicht mehr in unserer Praxis erschien, ging es Herkules offenbar deutlich besser. Kein Wunder, ausgependelt ist ausgependelt. Wir fanden sogar einen Termin, der für uns und auch für Herkules passte.

Als Babs und ich nach Sprechstundenende bei einer Tasse Tee zusammensaßen, sinnierten wir doch tatsächlich noch darüber, wie viel dran sein konnte an der Esoterik, wie sie diese Dame betrieb, und was es nicht alles zwischen Himmel und Erde gab. Es wurde noch ein äußerst unterhaltsamer Abend, und das Resümee dieses ausklingenden Tages war: bloß nicht mehr wundern.

Noch im selben Monat durften wir eine weitere Bekanntschaft aus der Zunft der sonderbaren Tierbesitzer machen.

Gretchen hieß die junge Dame, sie war so ungefähr Mitte bis Ende zwanzig und mehrfache Katzenbesitzerin. Sie kam auf Empfehlung zu uns. Als Erstes legte ich eine neue Patientenkartei an. Bei ihrem ersten Besuch bei uns kam sie mit ihrem Kater zum Impfen. Nachdem ich ihren Namen und die Wohnadresse aufgenommen hatte, fragte ich nach dem Namen des Katers.

Mit leiser, ernster Stimme und in einem eigenartig getragenen Ton sagte Gretchen: »Lucifer Annaeus Secundus«.

Da mir das zu lang und zu blöd war, fragte ich: »Wie rufst du ihn, Lucifer?«

»Nein, Lucifer Annaeus Secundus«, gab sie ruhig, aber bestimmt zurück.

Es erschien mir sinnlos zu diskutieren, mein Problem war, ich hatte in der Impfkartei in der Spalte »Name des Tieres« nicht genügend Platz. Also schrieb ich: *Lucifer Annaeus II*, und bei den besonderen Bemerkungen: *Cave Halterin*.

Babs stand hinter mir, und ich spürte, wie sie in sich hineinkicherte.

»Ist er so ein Wilder?«, wollte Babs wissen.

»Nein, er ist sanft. Sein Name bedeutet ›der Erleuchtete‹«, bekam sie als Antwort. Babs verschwand mit einem »Aha« auf den Lippen in Richtung Behandlungszimmer, ich nehme an, um dort ordentlich zu lachen.

Nachdem ich mit der Kartei fürs Erste fertig war, bat ich Gretchen und Lucifer Annaeus Secundus in den Behandlungsraum, er musste auch noch gewogen werden. Als ich ihn gewogen hatte, setzte ich ihn auf den Tisch. Er nahm seine Rolle als Erleuchteter sehr ernst. Selten hatten wir einen so ruhigen und ausgeglichenen

Kater in unserer Praxis. Eigentlich wollte ich hinaus zum Computer gehen, um sein Gewicht in die Kartei einzutragen, da hielt mich Gretchen mit einer Frage zurück.

»Wie heißt du?«

»Karin, einfach nur Karin.«

Es gibt Augenblicke, da ist einem sein doch eher simpler Name fast peinlich.

»Lucifer Annaeus Secundus, das ist Karin«, stellte sie mich jetzt dem Kater vor. Babs drehte sich um, sodass man ihr Gesicht nicht sehen konnte, und zog die Impfung auf. Ich hielt den Erleuchteten sanft fest und sagte ihm, dass er ein hübsches Tier sei, in der Hoffnung, es war nicht falsch, ihm zu verraten, dass er ein Tier war, und Babs gab ihm die Spritze. Dann verschwand ich nach draußen und vervollständigte seine Kartei.

Gretchen kam wieder zu mir ans Pult und fragte, ob bei uns die Bezahlung mit EC-Karte möglich sei. Das war kein Problem, ich nannte ihr den Betrag und drehte das Gerät in ihre Richtung. Gretchen steckte ihre Karte hinein, beugte sich zu dem Katzentransporter, der bei mir auf dem Pult stand, und sagte: »Lucifer Annaeus Secundus, hilfst du bitte Mami, den Code einzugeben?«

Ich bewundere mich noch heute dafür, wie viel Selbstbeherrschung ich in diesem Moment hatte.

Es saßen noch zwei andere Tierbesitzer im Warteraum, die bereits die Köpfe zusammensteckten und tuschelten.

»Ich bringe jetzt Lucifer Annaeus Secundus nach Hause und komme dann mit meiner anderen Katze impfen.« Sprach's und verschwand. Ich hätte es nicht für möglich gehalten, dass Gretchen ihren Kater tatsächlich jedes Mal mit seinem vollen Namen ansprach.

Eine der wartenden Damen sagte: »Eigentlich müsst' man direkt warten, bis die mit ihrer anderen Katz' kommt. Wird sicher a Hetz'.«

»Damit haben Sie nicht unrecht, Frau Müller, obwohl mir so schrullige Besitzer viel lieber sind als solche, denen ihr Tier egal ist oder noch Schlimmeres«, antwortete ich.

Ungefähr eine Stunde später war Gretchen wieder da. Ich öffnete die Kartei wieder und klickte *Weiteres Tier* an. Auf jede Antwort gefasst, fragte ich nach dem Namen der Katze.

»Tinta Othella Alpha«, gab Gretchen mit ernster Stimme bekannt. Was »Tinta« bedeutete, wusste ich nicht, den Rest reimte ich mir zusammen. Ich nahm an, Othella, weil die Katze schwarz war, und Alpha, weil sie wahrscheinlich vor Lucifer Annaeus Secundus dagewesen war.

»Also, dann auf zum Wiegen«, kommentierte ich und nahm den Katzentransporter. Ein ordentliches Bröckerl, dachte ich, als ich den Transportkorb hochhob.

»Sieben Kilo und vierhundertfünfzig Gramm! Na, ganz schön schwer, das Fräulein«, entfuhr es mir. Ich setzte die Katze auf den Behandlungstisch. Babs hatte sich schon sicherheitshalber umgedreht und bereitete die Impfung vor.

Da hielt Gretchen ihrer Katze die Ohren zu und flüsterte: »Tinta heißt ja auch ›die Dicke‹, aber das braucht sie nicht zu wissen.«

Was soll man dazu noch sagen, außer wieder einmal: Bloß nicht mehr wundern. Wie schon erwähnt, solche Tierbesitzer sind schrullig, aber harmlos und auf ihre Art sogar liebenswert. Denn bei solchen Menschen kann man sicher sein, dass es den Tieren gut geht.

27

Spezialauftrag

Eigentlich stand unser Urlaub bevor, ich machte mich gerade daran, den Infozettel für unsere Eingangstüre zu schreiben, da kam Babs aus dem Garten herein. Sie klappte gerade ihr Handy zu.

»Wart mal mit dem Zettel.«

»Wieso, was ist los?«, wollte ich wissen.

»Was hältst du davon, wenn wir einen Tag früher schließen?«

»Prinzipiell habe ich natürlich nichts dagegen, aber da ist doch was im Busch? Ich merk's genau.«

»So unrecht hast du nicht. Du kennst doch Harry, meinen ehemaligen Schulkollegen?«

»Kann mich erinnern, der macht doch auf alternativ und züchtet irgendwelche beinahe ausgestorbenen Schafe, oder?«

»Genau der. Also, ich konnte es ihm nicht ausreden; er will, dass wir die Herde impfen und entwurmen. Deshalb sollten wir einen Tag früher schließen, um diesen Sonderauftrag zu erledigen.« Babs stand die Begeisterung ins Gesicht geschrieben.

»Dem ist schon klar, dass wir keine Ahnung haben und eine Kleintierpraxis sind?« Auch ich konnte meine Freude über den Auftrag kaum im Zaum halten.

»Ja, trotzdem. Die Herde ist auch ausgesprochen klein, Gott sei Dank.«

»Wie viele Viecher sind's denn?«

»Nur fünfzig«, sagte Babs leise.

»Mir ist schon klar, dass fünfzig für eine Schafherde nicht üppig ist, aber wir mit unserer tollen Erfahrung … Das kann ja heiter werden.«

Wir mussten erst mal in Erfahrung bringen, welche Wurmkur die geeignete war, und die richtige Dosierung herausfinden. Dann riefen wir eine Pharmafirma an, um eine ausreichende Menge Wurmkur, Kanülen, die die Dosierungsmenge fassten, und Impfstoffe gegen die Blauzungenkrankheit zu ordern. Damit lösten wir auch Erstaunen bei der Frau Kaspar aus, die unsere Ansprechperson bei der Pharmafirma war. Da ich nun mal gerne gut vorbereitet war, begann ich im Internet zu recherchieren, mit wem ich es denn überhaupt zu tun bekommen würde.

Die bewahrungswürdige Rasse hieß Zackelschaf, in meinem Leben hatte ich noch nichts von dieser Rasse gehört. Da stand weiter zu lesen, dass beide Geschlechter korkenzieherartig gedrehte, gerade Hörner hätten mit einer Länge von ungefähr einem halben Meter. Na toll, die können mich auch gleich aufspießen, wenn ich ihnen lästig bin, dachte ich. Die Böcke werden in etwa siebzig Zentimeter hoch bei einem Gewicht von fünfundsiebzig Kilo. »Stramme Gegner«, rief ich Babs zu. Die Mädls der Gattung Zackelschaf sind um circa zehn Zentimeter kleiner als die Böcke und wiegen so um die fünfundvierzig Kilo. Diese Schafe haben ein langes und buschiges Wollkleid. Zu ihren Charakterzügen zählen Robustheit – schon mal nicht schlecht, wenn sie was aushalten können – und Widerstandsfähigkeit. Sie sind genügsam in der Haltung, lebhaft und scheu, das freute mich nun ganz besonders.

»Das kann was von einem Rodeo bekommen«, ließ ich Babs wissen.

»Wieso?«

»Lebhaft und scheu gehört zu den Charakteristika. Aber man kann sich entweder gut in die lange Wolle krallen oder noch besser sie an den Hörnern fixieren«, klärte ich Babs auf.

»Die haben Hörner?«

»Jawohl, beide Geschlechter, korkenzieherartige, die gerade wegstehen. Was sagst'? Freust dich?«

»Wie blöd. Wäre schön, wennst' sie an den Dingern festhältst, bevor die mich aufspießen.« Babs bekam einen devoten Gesichtsausdruck.

»Darfst mich halt nicht ärgern«, kicherte ich.

Babs lachte laut auf.

»Das mein ich ernst.« Ich kniff meine Augen zusammen und sah sie an. Am Abend vor unserem Spezialeinsatz packten wir Babs' Range Rover mit den Impfstoffen, den Kanülen und den Kanistern mit der Wurmkur voll. Zur Sicherheit hatten wir einen Kanister mehr bestellt, falls wir etwas verschütteten.

»Mist, jetzt fängt es auch noch zu regnen an«, zischte Babs.

»Wenn schon, denn schon. Scheint so, als ob wir uns diesmal unseren Urlaub noch hart erarbeiten müssten. Na dann bis morgen, gute Nacht.« Auch in meiner Stimme war nicht der leiseste Anflug von Begeisterung zu hören.

»Wünsch ich dir auch, wir treffen uns um acht hier beim Auto«, verabschiedete sich Babs und ging wieder zurück ins Haus.

Es kam, wie es kommen musste, es regnete die ganze Nacht durch. Am Morgen bei Babs' Auto versanken wir bereits im Matsch.

»Wenn's bei uns schon so gatschig ist, wie wird das erst draußen beim Harry sein?« Ich nahm an, dass das eine rein rhetorische Frage von Babs war.

Beide hatten wir Gummistiefel an, Jeans, Sweatshirt und eine Regenjacke. Die Haare hatten wir ebenfalls beide zusammengeradelt.

»Fesch schau' ma aus. Wie richtige Landtierärzte«, versuchte ich, die Stimmung etwas aufzulockern.

Nach einer guten Stunde Fahrzeit erreichten wir Harrys Hof, oder soll ich lieber Harrys Schlammranch sagen?

»Griaß eich, Madln, wollts' z'erst mal an Kaffee trink'n?«, fragte Harry, als er auf uns zukam.

»Na wenigstens einer, der heute gute Laune hat. Ja bitte gerne«, gab Babs von sich.

Nach einem Schluck Begrüßungskaffee wollte ich endlich beginnen. »Wo sind denn die Schafe?«

»Hinten auf da Kopp'l. I zag's eich. Dann muss i aber no was b'sorgen fahr'n. Nehm' ma eicha Klump a glei mit, oder?« Er führte uns zu einer großen Koppel, an die eine weitere anschloss. Harry verabschiedete sich und meinte, dass er in circa zwei Stunden wieder hier sei.

Babs und ich waren auf uns alleine gestellt.

»Sind schon imposante Viecher. Was meinst du, nach welcher Strategie gehen wir vor?« Babs sah mich fragend an.

»Ja, die machen Eindruck mit ihrer dicken Wolle und den Hörnern. Ich hab doch auch keine Ahnung. Vielleicht wäre es am besten, wenn du dich da hinten positionierst. Dort, wo die zweite Koppel anschließt. Wir schaffen die abgefertigten Schafe dort hinein, damit wir auseinanderhalten können, welche schon dran waren und welche nicht«, war meine Meinung.

»Guter Plan. Ich werde einige Wurmkuren schon vorher aufziehen, ich weiß ja nicht, wie schnell ich sein muss.« Damit hatte sie nicht unrecht. Und ich hatte keine Ahnung vom Einfangen von Schafen.

»Also, ich wär jetzt so weit.« Babs hatte ein breites Lächeln auf dem Gesicht.

»Na dann, auf geht's. Ich versuch mal, eines hierher zu treiben.«

Bei der Herde angekommen, hatte ich schon ein leicht ungutes Gefühl. Wenn mich da eines mit seinen Hörnern erwischte, na dann gute Nacht. Als ich ihnen ziemlich nahe war, machte sich Panik unter den Schafen breit. Ich erinnerte mich an das, was ich im Internet gelesen hatte – scheu und lebhaft. Also mit Ruhe ging hier gar nichts, ich rannte einfach dem Schaf nach, das sich in Richtung Babs bewegte.

»Wendig! ›Wendig‹ haben's im Internet vergessen dazuzuschreiben«, rief ich, bereits atemlos.

»Haha, ich merk's.« Offenbar unterhielt sich Babs ganz vorzüglich.

Nach einer Viertelstunde bekam ich eines zu greifen, ich packte es an den Hörnern. Babs kam mir bewaffnet mit Wurmmittel und Impfung entgegen.

»Hast ihn eh gut? Aufs Erste gleich einen Bock, super. Versuch, seinen Kopf etwas nach hinten zu biegen, dann kann ich ihm besser das Wurmi ins Maul geben«, wies mich Babs an. Leichter gesagt als getan. Da der Bock wenig Freude an der Sache hatte, setzte er auch sein ganzes Gewicht ein. Keine Frage, es hatte schon etwas von einem Rodeo. Babsi jagte ihm noch die Impfung in den Podex.

»Mach das Gatter auf«, flehte ich sie an.

Der erste Bock war geschafft und Babs blickte auf die Uhr. »Wenn wir den Schnitt halten, dann sind wir hier vor zehn Uhr abends nicht fertig«, stellte sie fest.

Ich versuchte, ihr so schnell wie irgend möglich die Schafe zuzuführen. Einige Male rutschte ich aus und fiel hin, ich sah bereits aus wie ein Schwein nach einem Schlammbad. Babs lachte und gluckste herum, der Anblick, den ich bot, hatte sicher großen Unterhaltungswert. Nach dem zehnten Schaf sagte ich zu ihr: »Jetzt tauschen wir, okay? Ich kann nicht mehr und hätte zur Abwechslung auch gerne mal gelacht.«

»Sicher. Dann bewaffne dich, ich bin gleich mit dem nächsten Schaf da«, meinte sie vorlaut.

In der Tat, ich hatte viel zu lachen, auch Babs kullerte und flog in der Gegend herum, und ich hatte alle Zeit der Welt, bis sie endlich eines der bewahrungswürdigen Schafe eingefangen hatte. Nach zehn weiteren Schafen hörten wir Harrys Stimme.

»Wie schaut's denn ihr zwoa aus? Möchts an Kas und an Most?«

Ein Päuschen kam uns gelegen. Wir saßen vor Harrys Haus; so eingesaut, wie wir waren, wollten wir nicht in der Stube Platz nehmen. Wir genossen die Pause und rieben uns die Stellen, die uns bereits schmerzten.

Damit wir nicht hier übernachten mussten, half Harry mit. Die neue Strategie war um einiges besser. Er fing die Schafe, ich verabreichte das Wurmmittel und Babs konnte zeitgleich die Impfung verpassen. Das ging um einiges schneller, vielleicht auch, weil die Schafe Harry kannten.

Nach vollbrachtem Tagwerk nahmen wir noch ein Glas Most und kleideten die Sitze von Babs' Auto mit Decken aus, sonst wäre eine Innenraumreinigung unvermeidbar gewesen.

Auf der Heimfahrt mussten wir alle Fenster öffnen. Nachdem wir beide einige Male in den Dung der Schafe gefallen waren, verbreiteten wir einen eher unangenehmen Geruch. Als wir den Tag Revue passieren ließen, hatten wir noch viel zu lachen, trotz der Schmerzen und der vielen blauen Flecke, die wir in den nächsten Tagen haben würden. Doch unser Entschluss stand fest: Nochmals würden wir so einen Spezialauftrag sicherlich nicht machen.

28

Wie es weiterging

Nun ja, es war abzusehen, dass meine Zeit in Babs' Praxis endlich war. Es gab etliche größere und kleinere Differenzen – vorwiegend zwischenmenschliche Zerwürfnisse und Zwistigkeiten. Deshalb machte ich schließlich das, worüber ich bereits gefühlte dreihundertsechsundzwanzig Mal nachgedacht hatte: Ich kündigte.

Nach wie vor betreue ich jedoch viele Vierbeiner als Homöopathin und vor allem der Tierschutz wird mein ständiger Begleiter bleiben.

Die Jobsuche gestaltete sich eher unbefriedigend, denn viele unserer urbanen Tierärzte wollen oder können sich keine Assistentin leisten. Ein Gebiet, das mich interessiert hätte, nämlich die Arbeit bei einem Landtierarzt, scheiterte wiederum an meinem Wohnsitz in Wien. So nahm ich eine Anstellung bei einer Humanmedizinerin an. Bald stellte sich aber heraus, dass es mir lieber war, wenn Patienten kratzen und beißen, außerdem gab es einige Zwischenfälle der besonderen Art.

Die humanmedizinische Praxis lag genau vis-à-vis von Babs' Praxis, daher kannten mich die Menschen natürlich. So kam es öfter vor, dass sie zu mir kamen, um Ratschläge für ihre Tiere einzuholen, ihre Sorgen und Nöte loszuwerden oder zu erzählen, wie die empfohlene homöopathische Behandlung anschlug. Einige kamen zwar selbst als Patienten in die neue Praxis, brachten aber ihre Vierbeiner mit, um sie bei mir am Empfang zu parken, während sie selbst die Ärztin konsultierten. Sie sahen das als selbstverständlich an, da ich ja jetzt dort war und ihre Tiere sich doch freuten, wenn sie mich sahen. Manchmal ging das auch gut, denn die kleineren Hunde konnte ich noch unter meinem Schreibtisch verstecken, sonst gab es halt Ärger.

So war auch dieser Arbeitsplatz nicht von Dauer und es stellte sich die Frage: Was nun? Die vielen unbezahlten Aufgaben im Tierschutz waren zwar im Dienst einer guten und sinnvollen Sache, doch sich ernähren und Rechnungen bezahlen konnte man davon nicht.

Die Idee, meine Erlebnisse als Tierarztassistentin aufzuschreiben, ist auf Ernsts Mist gewachsen. Aber einen Versuch war es wert, warum auch nicht.

Zugegeben, es gibt schon einige – um nicht zu sagen: viele – Tierbücher. Ich wollte Ihnen den Beruf der Tierarztassistentin nahebringen, der sich ja so wunderbar anhört. Und das ist er auch – von Zeit zu Zeit. Es liegen Glück, Hoffnung, Freude, Dankbarkeit, Geburt, Kampf um Leben und Tod, Verlust und Trauer so knapp nebeneinander, dass er ein ständiges Wechselbad der Gefühle bedeutet. Ich habe diesen Beruf gerne ausgeübt und möchte die Erfahrungen nicht missen.

Jedes Schicksal hat mich berührt und geprägt. Vieles, was ich gesehen habe, und die Geschichten meiner eigenen Hunde brachten mich auch dem Tierschutz immer näher. Weil Tierschutz nicht nur tief empfundene Empathie heißt, sondern auch, die Augen nicht zu verschließen vor den vielen grausamen Dingen, die geschehen, auch wenn diese einen wirklich *herputzen*, um einen wienerischen Ausdruck zu verwenden.

Tierschutz ist immer mit Geld verbunden. Sei es, um die eigenen Aktionen zu finanzieren, andere Organisationen mit Futtermitteln und Medikamenten zu versorgen, in Not geratenen Tieren lebensnotwendige Operationen zu bezahlen oder auch nur den vielen privaten Vereinen und Gnadenhöfen bares Geld zukommen zu lassen, da auch dort Mieten, Heizkosten und Tierärzte bezahlt werden müssen.

Das alles ist mit einem normalen Job nicht zu schaffen. Deshalb ist dieses Buch ein Versuch, mehr helfen zu können, und vielleicht wird sogar unser Traum vom eigenen Gnadenhof einmal Realität.

Auch Sie können einiges beitragen, beteiligen Sie sich mit Ihrer Unterschrift an Petitionen, das kostet nichts und beansprucht lediglich fünfzehn Sekunden Zeit. Falls Sie sich einen vierbeinigen Mitbewohner anschaffen möchten, dann adoptieren Sie ein Tier, damit retten Sie schon zwei Leben. Das Leben der Fellnase, der Sie ein Zuhause geben, und das Leben des Tieres, das im Tierheim nachrücken und somit seinem Schicksal entkommen kann.

Tag für Tag sehe ich das Leid, und es kommt einem vor, als kämpfe man gegen Windmühlen, trotzdem gebe ich nicht auf. Wenn ich versuche, für einen unschuldigen Unglücksraben ein Zuhause zu finden, höre ich oft: »Aber wir wollten eigentlich einen Schäfer, Spaniel, Beagle, Golden Retriever …«

Dazu wäre mein Wunsch: Retten Sie ein Tier, statt sich eines vom Züchter zu holen! Sie ersparen sich den oft horrenden Kaufpreis und in vielen Fällen überdies noch Geld für den Tierarzt, denn durch vielen sinnlosen Überzüchtungen kommt es vermehrt zu degenerativen Erkrankungen. Mischlinge, oder wie ich sie gerne nenne: Kinder der Liebe, sind gesundheitlich meist wesentlich robuster und stabiler.

Ein weiterer Wunsch aus meiner täglichen Praxis: Lassen Sie Ihre Tiere kastrieren. Ja, ich weiß, wie entzückend Tierbabys sind, doch viele landen, wie die Erfahrung leider zeigt, in Tierheimen, die ohnehin schon aus allen Nähten platzen. Und um so voller unsere eigenen Tierheime werden, umso weniger Chancen auf Rettung durch Adoption haben die Tiere in den ausländischen Tötungsstationen. Kastration trägt außerdem viel zur psychischen und körperlichen Gesundheit Ihres Tieres bei. Die ständige Produktion von Sexualhormonen und das Nicht-ausleben-Dürfen ihrer Triebe führen zu psychischen Erkrankungen und Frustration. Gegen den natürlichen Drang können Sie nichts tun, viele Tiere büxen immer wieder aus oder werden aggressiv.

Bei nicht kastrierten Weibchen kann es überdies zu Pyometra – einer eitrigen Entzündung der Gebärmutter – kommen und bei Rüden zu Prostataproblemen oder Hodenkrebs. Leider mussten wir auch öfter Operationen wegen der genannten Probleme durchführen, viele davon waren Notoperationen in allerletzter Sekunde.

Auch die Pille ist keine Lösung. Die Hormone, die Sie Ihrem Tier damit verabreichen, können ebenfalls zu Krebserkrankungen führen. Deshalb beugen Sie vor und ersparen Sie Ihrem Tier und sich selbst Schmerzen, Leid und Stunden der Sorge.

Mein Job als Antosz' Ghostwriter ging auch noch einige Zeit weiter. Weil ich mich in die Gefühlswelt des kleinen Kerls so tief hineinbegeben habe, begann ich eine Art Tagebuch aus der Sicht des Hundes zu schreiben. Daraus entsteht gerade die Idee für ein weiteres Buch.

Meiner Familie geht es gut, mittlerweile bin ich stolze Omi geworden. Unsere Hunde erfreuen sich bester Gesundheit und zeigen uns jeden Tag aufs Neue, was Glück und Zufriedenheit wirklich bedeuten.

29

Weil ich so oft gefragt wurde

Viele Tierbesitzer – vor allem Hundebesitzer – wollen ihren Liebling nur verwöhnen. Dabei ist ihnen nicht klar, dass es unzählige Nahrungsmittel gibt, die ihrem Vierbeiner schaden. Darunter fallen auch Naturalien, bei denen man gar nicht auf die Idee kommt, dass sie Schaden anrichten könnten. Nachdem diese Liste gar nicht so kurz ist und ich so oft danach gefragt wurde, habe ich mich eines Tages dazu entschlossen, sie niederzuschreiben und in »unbekömmlich«, »schädlich« und »giftig« zu unterteilen. Angegeben ist auch, was roh nicht bekömmlich ist, aber gekocht in kleinen Mengen gefüttert werden kann.

Ich denke, dass diese Zusammenstellung aller für Hunde bedenklichen Nahrungsmittel gut in dieses Buch passt. Denn es erweist sich oft als nützlich, wenn man weiß, wo man bestimmte Sachen schnell nachschlagen kann. Und kein Mensch ist in der Lage, sich all das zu merken, wenn es ihm bloß einmal gesagt wurde.

Für alle Angaben »unbekömmlich/schädlich/giftig« in der Liste gilt: Die Dosis macht das Gift. Das soll heißen, kleine Mengen können eine Magenverstimmung hervorrufen, aber größere Mengen können zu ernsthafteren Problemen oder sogar zum Tod des Tieres führen.

Für Hunde bedenkliche Nahrungsmittel

Auberginen:	besonders roh ⇨ schädlich/giftig
Avocados:	in jeder Form ⇨ unbekömmlich
Bärlauch:	besonders roh ⇨ schädlich/giftig
Brokkoli:	roh ⇨ unbekömmlich
Eier (bes. Eiweiß):	roh ⇨ unbekömmlich/schädlich
Getreide:	in großen Mengen ⇨ unbekömmlich
Holunderbeeren:	besonders roh ⇨ schädlich/giftig
Hülsenfrüchte:	roh ⇨ schädlich/giftig (gekocht jedoch in geringen Mengen möglich)
Kartoffeln:	roh ⇨ schädlich/giftig
Knoblauch:	besonders roh ⇨ schädlich/giftig
Kohl:	in jeder Form ⇨ unbekömmlich
Macadamianüsse:	schädlich/giftig
Mandeln:	schädlich/giftig
Obstkerne:	schädlich/giftig
Pfefferminze:	schädlich/giftig
Rosinen:	giftig (bereits 14 g pro kg Hund können tödlich sein)
Salbeiblätter:	schädlich/giftig
Schokolade:	giftig (je nach Gehalt, 100 mg–30 g pro kg Hund können tödlich sein)
Tofu:	unbekömmlich
Walnüsse:	unreif ⇨ schädlich/giftig (reif jedoch in geringen Mengen gesund)
Weintrauben:	giftig (bereits 11 g pro kg Hund können tödlich sein)
Zwiebelgewächse:	giftig (bereits 5 g pro kg Hund können tödlich sein)

Achtung auch bei Getränken: Kaffee (Koffein) oder Schwarztee (Tein) sowie Limonaden mit diesen Inhaltsstoffen können für Ihren Hund tödlich sein.

Oft kam die Frage: Was ist denn besonders gut für meinen Hund? Selbstverständlich möchte ich Ihnen auch das nicht vorenthalten.

Was unseren Vierbeinern guttut

Positive Kräuter: Die folgenden Kräuter sind zuträglich. Sie sind jedoch nur in kleinen Mengen und nicht täglich anzuwenden.

- **Basilikum**
- **Gänseblümchen**
- **Kerbel**
- **Löwenzahn**
- **Majoran**
- **Petersilie**
- **Thymian**
- **Wegerich**

Öle: Natürlich sind Öle auch ganz wichtig, wie zum Beispiel Distelöl, Nachtkerzenöl, Lachsöl. Sie können tröpfchenweise in jede Mahlzeit gegeben werden.

Rohkost: Kleine Snacks für zwischendurch oder auch als Belohnung sind gesund und schaden der Figur nicht.

- **Apfelstücke** (allerdings nicht getrocknet)
- **Banane** (allerdings nicht getrocknet)
- **Birne**
- **Gurkensticks**
- **Karottenstückchen**

- **Orangen**
- **Paprikastücke** (erfahrungsmäßig werden gelbe bevorzugt)
- **Pfirsiche** (ohne Kern!)
- **Trockenpflaumen** (ohne Kern, ohne Zucker und vor allem nicht geschwefelt!)

Ein **Antioxidantien-Sommerhit** – dient als Zellschutz gegen freie Radikale – ist bei meinen Hunden folgender: Joghurt mit Magerquark abmischen und aufgeschnittene Heidelbeeren darunterrühren (eigentlich ein Hit für die ganze Familie).

Noch ein wichtiger Nachsatz zu obiger Zusammenstellung, um auch dem Gesetz Genüge zu tun: Es handelt sich um reine Erfahrungen aus meiner Tätigkeit. Sie sind nur als Anregung hier genannt und ersetzen weder eine veterinärmedizinische Behandlung noch den Besuch beim Tierarzt. Zur genaueren Information beziehungsweise vor einer Änderung Ihrer Fütterungsgewohnheiten fragen Sie bitte einen Veterinär Ihres Vertrauens.

Dank

Der gilt zuallererst einmal Ihnen, da Sie dieses Buch in Händen halten. Und natürlich hoffe ich, dass es Ihnen gefallen hat und Sie es weiterempfehlen oder auch das eine oder andere Exemplar verschenken.

Danke Papa! Dir ist dieses Buch gewidmet. Du hast mir gezeigt, wie wichtig es ist, mit offenem Herzen durch dieses Leben zu gehen. Und sich stets ein eigenes Bild von den Dingen auf dieser Welt zu machen. Du fehlst!

Danke an Lieserl, Xaverl und Bauxi, unsere Hunde, die mir jeden Tag aufs Neue zeigen, wie sie sich des Lebens erfreuen und wie dankbar sie für ihre Rettung sind. Die drei waren mir für dieses Buch eine Quelle der Inspiration und eine wichtige Motivation. Auch lehren sie mich jeden Tag aufs Neue Gelassenheit, bedingungslose Liebe und dass vieles, um das man sich tagein, tagaus Sorgen macht, gar nicht so wichtig ist.

Ein weiterer Dank geht an alle Patienten, die ich betreuen durfte. Ob Hunde, Katzen, Hamster, Meerschweinchen, Mäuse, Ratten, Frettchen, Kaninchen, Enten, Hühner, Ziegen, Pferde, Esel, Vögel und auch die Schildkröte, ihr seid mir alle ans Herz gewachsen. Ohne euch gäbe es dieses Buch nicht. Dank auch an alle, die leider bereits von uns gegangen sind. Ich werde euch nie vergessen. Und wenn meine Zeit einmal gekommen ist, hoffe ich, dass ich in den Hundehimmel komme.

Mein Dank gilt außerdem meinem Mann Ernst und meiner Tochter Saskia. Durch Gespräche mit ihnen sind mir viele Geschichten wieder eingefallen. Sie haben mich motiviert, wenn es einmal nicht so toll lief, und mich gefüttert, wenn es gut lief und ich bis spät in die Nacht geschrieben habe. Da mein Ernst ebenfalls Autor ist, weiß er um die Schwierigkeiten, die Höhen und Tiefen, die man während der Arbeit an einem Buch durchschreitet. Er gab mir Kraft, wenn ich verzweifelt vor einer neuen blitzweißen Seite saß und der Cursor mich hektisch anblinkte, oder half mir, mich von den verschiedenen, manchmal demotivierenden Seitenzahlhürden nicht unterkriegen zu lassen. Ich liebe euch!

Ein weiteres Dankeschön gilt meinem am 2. Juli 2013 geborenen Enkel Maxi, weil Glück einfach beflügelt.

Meiner Freundin Ilse möchte ich hier auch meinen Dank aussprechen. Sie war meine kritische Probeleserin, ein wichtiges Korrektiv für jeden Autor.

Danke an Uta Alder, meine Lektorin, für die tolle Zusammenarbeit.

Und last, but not least gebührt meinem Verleger Oliver Schwarzkopf ein Dankeschön: für den Glauben an das Buch und den Druck durch Vertrag und Abgabetermin. Diesen Termin habe ich über viele Wochen verflucht und gehasst. Jetzt in der Rückschau betrachtet, war er ein wichtiger Motor.

KARIN KAUFMANN, geb. 1967 in Wien. Studierte Philosophie und absolvierte eine Ausbildung zur Maskenbildnerin. Nach einigen Jahren am Theater arbeitete sie als Journalistin und gründete mit ihrem Mann eine Filmproduktion. Als große Tierfreundin immer schon im Tierschutz aktiv, begann sie nebenbei als Assistentin in einer Tierarztpraxis zu arbeiten. Sie lebt mit Mann, Katze und drei Hunden in Wien.

Karin Kaufmann
VIER HÄNDE IN DER MAUS
Skurrile Geschichten aus der Tierarztpraxis rund um Hund, Katze & Co.

ISBN 978-3-86265-494-9

Dieses Werk wurde vermittelt durch erzähl:perspektive Literaturagentur Michaela Gröner & Klaus Gröner GbR.

KATALOG
Wir senden Ihnen gern kostenlos unseren Katalog.
Schwarzkopf & Schwarzkopf Verlag GmbH
Kastanienallee 32, 10435 Berlin
Telefon: 030 – 44 33 63 00
Fax: 030 – 44 33 63 044

INTERNET | E-MAIL
www.schwarzkopf-schwarzkopf.de
info@schwarzkopf-schwarzkopf.de